菠萝 加工副产物 综合利用研究

中国热带农业科学院农产品加工研究所

林丽静　主编

中国农业科学技术出版社

图书在版编目（CIP）数据

菠萝加工副产物综合利用研究 / 林丽静主编 . -- 北
京：中国农业科学技术出版社，2021.6
ISBN 978-7-5116-5323-9

Ⅰ . ①菠… Ⅱ . ①林… Ⅲ . ①菠萝—副产品—加工
Ⅳ . ① TS255.4

中国版本图书馆 CIP 数据核字（2021）第 102341 号

责任编辑　徐定娜
责任校对　贾海霞
责任印制　姜义伟　王思文

出 版 者　中国农业科学技术出版社
　　　　　北京市中关村南大街 12 号　邮编：100081
电　　话　（010）82105169（编辑室）　（010）82109702（发行部）
　　　　　（010）82109709（读者服务部）
传　　真　（010）82109707
网　　址　http://www.castp.cn
发　　行　各地新华书店
印 刷 者　北京科信印刷有限公司
开　　本　170 mm×240 mm　1/16
印　　张　8.5
字　　数　152 千字
版　　次　2021 年 6 月第 1 版　2021 年 6 月第 1 次印刷
定　　价　48.00 元

《菠萝加工副产物综合利用研究》
编写人员

主　　编　　林丽静

副 主 编　　方　蕾　　董　晨　　张　彬

编写人员（按拼音顺序排序）

董　晨　　方　蕾　　龚　霄　　胡会刚

林丽静　　田昆鹏　　张　彬　　张晴雯

前　言

菠萝原产于南美洲热带和亚热带地区，目前全球共有85个国家种植菠萝，种植面积约占全球热带水果的1/3，是仅次于香蕉和柑橘类水果的第三大热带水果。我国的广东、广西、福建、海南、台湾等地均有广泛种植。

菠萝除鲜食外，也大量用于加工菠萝罐头、菠萝汁等，加工过程中产生大量的副产物，如菠萝茎秆、菠萝皮渣等。据报道，我国每年菠萝加工产生的皮渣达到15万吨，基本未开发利用，一般丢弃处理，这样既造成了大量资源浪费，又增加了菠萝加工企业的处理成本。

菠萝皮渣是菠萝产品加工过程中产生的副产物，占果实重量的25%～35%，其主要成分包括膳食纤维、黄酮类、糖类、多酚类、维生素和矿物质等。其中，水分、总糖、柠檬酸等营养成分的含量与果肉中相差不大，具有低蛋白高纤维的特点，极具开发价值，国内外许多学者都注意到这一点，对菠萝皮渣的开发利用也进行了诸多的探索和研究。目前的研究主要集中在从加工副产物中提取多糖、纤维素、有机酸、酶，以及多酚、黄酮等功能活性成分，发酵果酒，制作沼气和饲料等，还未有人对这些研究进行系统的归纳整理。本课题组认为，对这些研究的归纳整理是极有意义的工作，因此，才有了本书的编撰问世，以期引起更多人认识到菠萝副产物造成的环境污染问题以及资源浪费问题，并携手推动解决。

本书共六章，第一章概述菠萝加工发展现状和菠萝加工副产物综合利用情况；第二章从菠萝加工副产物的食品化利用、饲料化利用、田间利用和其他利用方式介绍菠萝加工副产物的价值利用；第三章从菠萝加工副产物制酒、发酵果醋、制备食品添加剂介绍菠萝加工副产物食品化利用；第四章从菠萝加工副产物饲料加工特性、饲料生产工艺及设备、饲料应用范围介绍菠萝加工副产物饲料化利用；第五章从菠萝加工副产物肥料加工特性、肥料生产工艺及设备、肥料应用范围介绍菠萝加工副产物肥料化利用；第六章从菠萝加工副产物多糖、黄酮和植物纤维凝胶提取纯化技术，菠萝加工副产物在工业生产中的辅助作用价值介绍菠萝加工副产物其他利用技术。

本书的成果来源于公益性行业（农业）科研专项"园艺作物产品加工副产物综合利用"（201503142）的项目成果，书稿出版也得到该项目的资助。书稿的编写成员来自中国热带农业科学院农产品加工研究所、中国热带农业科学院南亚热带作物研究所和农业农村部南京农业机械化研究所3家项目承担单位，本书能够顺利出版，要感谢中国热带农业院农产品加工研究所的支持，还要感谢项目组从事相关研究的同仁们的通力合作以及无私的奉献！感谢硕士研究生马丽娜、姜永超以及合作企业的无私帮助！

由于编者水平有限，书中难免有疏漏之处，恳请广大读者批评指正！

编　　者

2021 年 2 月于广东湛江

目　　录

第一章　概　　述 ………………………………………………… 1

 第一节　菠萝加工发展现状 ……………………………………… 2

 第二节　菠萝加工副产物综合利用概述 ………………………… 7

第二章　菠萝加工副产物的利用价值 ………………………… 9

 第一节　菠萝加工副产物的食品化利用 ……………………… 10

 第二节　菠萝加工副产物的饲料化利用 ……………………… 14

 第三节　菠萝加工副产物的田间利用 ………………………… 15

 第四节　菠萝加工副产物其他利用方式 ……………………… 17

第三章　菠萝加工副产物食品化利用 ……………………… 25

 第一节　菠萝加工副产物发酵果酒 …………………………… 27

 第二节　菠萝加工副产物发酵果醋 …………………………… 38

 第三节　菠萝加工副产物制备食品添加剂 …………………… 46

第四章　菠萝加工副产物饲料化利用 ……………………… 57

 第一节　菠萝加工副产物饲料加工特性 ……………………… 58

 第二节　菠萝加工副产物饲料生产工艺及设备 ……………… 58

 第三节　菠萝加工副产物饲料应用范围 ……………………… 81

第五章　菠萝加工副产物肥料化利用 ……………………… 83

 第一节　菠萝加工副产物肥料加工特性 ……………………… 84

　　第二节　菠萝加工副产物肥料生产工艺及设备 ·················· 86

　　第三节　菠萝加工副产物肥料应用范围 ······················· 99

第六章　菠萝加工副产物其他综合利用技术 ················· 103

　　第一节　菠萝加工副产物多糖、黄酮和植物纤维凝胶提取纯化技术 ··· 104

　　第二节　菠萝加工副产物在工业生产中的辅助作用价值 ············ 114

　　参考文献 ··· 117

第一章

概　述

第一节　菠萝加工发展现状

菠萝（*Ananas comosus*）又名凤梨，是四大热带水果之一，世界种植面积为 1 570 万亩（1 亩≈667 平方米，15 亩＝1 公顷，全书同），产量 2 581 万吨。菠萝自 16 世纪传入我国，在我国南方被大量种植，广东、海南、云南、广西壮族自治区是我国菠萝的主要种植区域，尤其是广东和海南两地，菠萝种植面积和产量均占我国菠萝种植面积和产量的一半以上。农业农村部农垦局数据（2018 年）表明，我国菠萝的种植面积为 96.40 万亩、产量为 167.16 万吨，分别位于全球第五位和第七位。虽然我国的菠萝种植面积和产量均较高，但是，菠萝品种单一、加工单一、产品单一等问题一直制约着我国菠萝产业的发展（金琰，2016）。

一、我国菠萝加工现状

菠萝是一种季节性较强的热带水果，由于含水量很高（可达约 90%），常温下的贮存时间仅有 7 天左右，不利于长距离运输和保存。国内菠萝消费以鲜食为主，消费量十分有限。菠萝加工多为初级加工，即用来生产菠萝罐头、菠萝汁、浓缩菠萝汁等初级加工产品。深加工产品如菠萝蛋白酶、菠萝纤维等大多停留在可行性研究阶段，几乎没有大规模的生产销售。包括初级加工产品在内的菠萝年加工量占菠萝总产量的比例不足 10%（金琰，2016）。

（一）菠萝初级加工产品单一，附加值不高

我国的菠萝产量很大，除一部分用作鲜食外，还有一部分用于加工成各种菠萝产品。菠萝由于其良好的色泽、口感及气味，是具有优良加工适应性的食品原料。菠萝加工主要分为初加工和精深加工两类，初加工是指将新鲜的菠萝通过削皮、去眼、通心、切分等简单预处理后生产菠萝罐头和菠萝汁；精深加工主要是将菠萝用来生产具有较高附加值的菠萝蛋白酶，以及提取菠萝纤维制作纺织品等深加工产品。由于我国的菠萝加工企业目前普遍存

在科技创新能力不足、科技含量不高等问题，致使我国的菠萝加工以初加工为主。

巴厘是我国菠萝的主栽品种，也是生产菠萝罐头的主要品种，但该品种菠萝果心大、果眼深，商品化加工损耗较大，故菠萝加工企业对该品种进行初加工和深加工的意愿均不强烈。此外，我国菠萝罐头和菠萝汁的加工企业以小微企业为主，其加工工艺简单，加工设备陈旧，加工产品质量较差，与泰国和菲律宾等国外产品相比竞争力较弱，菠萝加工产品的出口面临越来越大的压力，系列产品的销售业务每况愈下。因此，提高国内菠萝初加工产品的科技含量，对菠萝进行精深加工，进一步提高产品附加值，已经成为提高菠萝价值的首要目标（李盖 等，2019；黄建辉，2020）。

（二）菠萝精深加工附加值高，但任重道远

随着对菠萝研究的深入，人们发现菠萝全身都是宝。另外，科技进步也推动了菠萝加工工艺的进步，菠萝加工除了以菠萝的果肉为原料进行菠萝罐头、菠萝汁的生产，还可以进行菠萝干、菠萝果酒、菠萝饼（凤梨酥）等食品的加工生产（黄香武 等，2019）。国际上以菠萝为原料的精深加工产品很多，如菠萝蛋白酶、菠萝纤维、菠萝饲料、菠萝酒和菠萝生物有机肥等。这类菠萝精深加工产品生产企业稀少，因此这类产品在国际上也非常有竞争力。

我国对菠萝精深加工产品研究最多的是菠萝纤维和菠萝饲料。菠萝叶经深加工处理后，提取的菠萝纤维可用于纺织、造纸等。而菠萝叶渣又是优良的碳源，可用于生产沼气和有机肥。菠萝加工叶渣除了被用作生产有机肥外，还可以用于生产果酒、果醋和乳酸饮料。但中国菠萝精深加工产品大多数仍停留在实验室阶段，尚待市面流通推广（张海生，2012）。

（三）深加工技术现状

我国菠萝加工厂数量庞大，但规模都偏小，生产设备和技术相对落后，加工企业小、散、弱情况突出。加工链条短，绝大多数的菠萝加工厂，加工产品仍为菠萝罐头、果馅、菠萝干等科技含量较低的传统加工产品。其中以菠萝罐头产量最大，而菠萝罐头的加工，往往只利用了菠萝果肉，果皮、果

心则被废弃，综合利用率不高。

1. 品种结构单一，产品品质不佳

我国菠萝主产地海南、广东两地出产的菠萝成熟期相近，因此，菠萝上市时常形成竞争；菠萝主栽品种单一，适宜用于加工的菠萝品种很少，导致菠萝罐头厂在菠萝集中成熟期以外时期常因加工原料不足而停产，几乎没有菠萝罐头厂可以做到常年开工。国外的菠萝品种较为丰富，而且很多国家和地区会根据菠萝加工制品的不同要求，培育出相关的适宜加工的菠萝良种。另外，我国的菠萝加工企业因机械化水平落后，在加工的过程中普遍还需要使用大量的劳动力，而国外的菠萝加工已经实现全机械化，极大地提高了加工效率和质量。

2. 产业化水平低，科技创新能力不足

菠萝原料质量越好，则加工过程中浪费越少。我国菠萝种植以小规模的农户生产经营形式为主，没有进行标准化种植，导致生产出来的菠萝质量不一，造成菠萝加工过程中浪费较大，这在一定程度上也影响了菠萝加工企业的加工热情。另外，菠萝加工研究较少，生产技术总体落后，在育种研究、栽培技术研究方面取得的成果少，缺乏完整的栽培技术新体系，一些好的栽培方法推广力度不够。再者，由于企业对加工设备投入不足，在一定程度上也影响了加工后的菠萝制品质量，同时各地企业也较为分散，导致了加工后的副产物不能及时进行合理再利用。菠萝品种单一、品质不高，鲜食、加工两用型品种结构的不合理，影响我国菠萝种植业的发展和鲜果、加工产品市场的进一步开拓（文天祥 等，2018）。

3. 生产基地与加工企业不配套

当前菠萝的种植主要依靠农民个体分散种植，生产品种以鲜食品种为主。企业自经营投资种植基地少，无明确经营目标。种植与加工未形成联动，未建立利益共享、风险共担的机制，不利于资源的合理利用和产业的协调发展（唐越施 等，2017）。

4. 菠萝产品品牌意识有待加强

首先，是菠萝鲜果的品牌短缺，我国无专事菠萝鲜果销售企业，菠萝鲜

果一般是在收获后经过简易的箩筐包装后，通过中间商运到全国各地的水果批发商处，分销各水果摊零售，无任何外包装及品牌标识。大型超市上架售卖的主要为进口的菠萝品种鲜果，其价格远高于本土等质量的菠萝鲜果。广东省湛江市徐闻县曲界镇的"愚公楼牌"菠萝是国内唯一的菠萝鲜果注册商标，但当地大部分菠萝生产者尚无将品牌优势转化为市场资源的意识，菠萝成熟季节自曲界镇发销的菠萝，未贴商标的现象普遍存在，品牌资源的优势未有体现。该类鲜果的价格与国内其他菠萝产地的价格无甚差别，且远低于中国台湾地区的菠萝价格，也远低于菲律宾等地的菠萝价格（宋凤仙 等，2018）。

其次，菠萝加工制品品牌短缺，即国内生产的菠萝罐头欠缺具有市场号召力的品牌。广东收获罐头食品有限公司是我国最大的菠萝罐头生产企业之一，在一定程度上可以看作我国菠萝加工企业的缩影，其生产的菠萝罐头在出口时主要按照合作方的要求和授权贴其他国际品牌的标签后出口，即主要是代加工，其自身品牌在出口时很少出现；国内销售市场中，公司销售渠道主要包含两条，一是供应必胜客、麦当劳等食品品牌企业用作原料，二是由代销公司代为销售，缺少自己的品牌和营销渠道。

二、菠萝深加工发展的对策

（一）推广优良品种，优化品种结构，提高良种覆盖率

针对国内菠萝品种单一、主销鲜食的现象，一是应该加强针对不同品种、不同用途的菠萝育种，例如，用于生产菠萝罐头的菠萝果，其特点是果心要小、果眼要浅，方便机械化去皮，以提高果实的综合利用率；二是应积极引进国外良种进行品种更新，采用现代育种方法选育出一批适合加工和鲜食的品种，建设良种繁育基地，进一步加大推广新品种的力度；三是要推进标准化生产，提高综合加工水平，实施品牌战略，加强菠萝生产基地的基础设施建设，建立标准化生产示范基地；四是针对我国的菠萝加工产品以菠萝罐头和菠萝汁为主、产品单一的情况，提高加工工艺水平，提升菠萝加工产品附加值，使菠萝产品多样化，推动菠萝加工产业的发展；五是鼓励龙头企

业打造名优品牌，推行种植、生产、加工、销售渠道可追溯制度，确保菠萝产品的质量安全，促进菠萝产品的销售，有利于增加行业收益，使产业可持续发展（张子康 等，2015；田迎新 等，2016）。

（二）加强采后保鲜研究，加快现代物流建设

菠萝属于非跃变型果实，其后熟软化是一个渐变的过程。随着菠萝贮藏时间的增加，果实硬度会降低，品质有所下降。通过对采后的菠萝进行生理特性研究，加强采后保鲜技术研究，建立完善的采后处理、田间冷库和冷链物流体系，可以延长贮藏时间，较好地保持菠萝品质。菠萝保鲜技术的突破将延长菠萝贮藏时间，有助于菠萝远距离运输，对菠萝鲜食产业具有很大的经济效益。近年来，电商的迅速发展，对水果保鲜技术提出了更高的要求，但同样也拓宽了水果的销售渠道，有利于水果行业的良性发展。因此，先进的采后处理技术、完善的现代物流建设，加上互联网营销模式，将促进菠萝产业发展更上一个台阶（唐越施 等，2017）。

（三）创建菠萝品牌

根据供给侧结构性改革要求，在高标准基地和品质控制的基础上，通过品牌给菠萝贴上身份证，同时，用心做好品牌宣传和推广，开发多项渠道。通过积极参与国内外各类农产品交易会、博览会和多渠道的营销推广，树立菠萝品牌和口碑，吸引中央及地方主流媒体的关注和宣传，增加菠萝企业的知名度和影响力。

（四）加强菠萝深加工研发

目前国内针对菠萝的加工主要集中在初级产品的加工，即对菠萝果的简单加工，尚处于菠萝产业价值链的底端，不利于菠萝产业的良性发展。到目前为止，我国对菠萝整个植株都有了较多的研究，并且有了相关的实验成品，但由于缺乏相关配套并没有进行成果转化，通过对现有菠萝研究的集成再创新，并进行科企合作，改进菠萝加工企业的工艺设施，开发若干符合市场需求的深加工新产品，推动企业优化产品生产线，促进企业改革发展（杨眉 等，2019）。

第二节　菠萝加工副产物综合利用概述

一、菠萝加工副产物的种类

菠萝加工的副产物主要指菠萝皮渣、菠萝叶、菠萝茎等不可食用的部位，现阶段一般做丢弃处理。

据不完全统计，2018 年我国菠萝的种植面积近 100 万亩，总产量超过了 150 万吨。但是，碍于菠萝难贮存、以鲜食为主的消费模式，只有不到 1/3 用于加工。用于加工的菠萝，大部分也是被加工为果汁、罐头和果脯等初级产品。有研究表明，菠萝在鲜食或加工过程中产生高达 50%～60% 的皮渣被直接丢弃或填埋，造成了严重的环境污染和资源浪费（王刚 等，2011）。

除在菠萝果肉加工过程中丢弃的菠萝皮渣外，还有很多是在菠萝果采摘后留在地里的菠萝叶和菠萝茎，数量也相当巨大，这些剩余的植株大部分都是被直接丢弃在地里，只有少量以精加工和深加工的原料的方式进行再利用。

二、菠萝加工副产物的利用现状

国际上菠萝的种植区域主要集中在南北回归线之间，而我国菠萝种植面积以及产量在世界名列前茅，同时，我国对菠萝的消费量以每年 7.5% 的速度增长（邓春梅 等，2018）。菠萝除鲜食外，菠萝加工主要是采摘菠萝果进行果汁、罐头和果脯等初级产品的加工，伴随着种植面积以及产量的增加，除菠萝加工产品外，还留下了大量的加工废弃物，如菠萝皮渣等，如何利用好这些废弃物，也是国内外面临的一项重大挑战。

随着科技的发展，以及对菠萝加工副产物的持续深入研究，发现在这些副产物中，有很多可供人们利用的宝贵资源。例如，菠萝叶中含有丰富的纤维素，经过科学合理的提炼，可以作为纺织品使用，以及作为纤维素纳米晶生产的原材料；菠萝茎叶中的化学成分复杂且丰富，比如，果胶以及酚类物质，在食品及医药上有很好的用途。采摘后剩下的菠萝植株，可以作为优质的生物有机肥原料，以及可以代替部分青饲料喂养家畜。菠萝皮渣中的营养元素和果肉相差不大，发酵后，可以制作成果醋、果酒等食品（罗苏芹，2019；张文华，2012；吕庆芳 等，2011；胡会刚 等，2020；陈间美 等，2020；符桢华，2010；尚云青，2013；廖良坤 等，2018；林丽静 等，2016）。

虽然目前有很多关于菠萝加工副产物的报道，但很多仍停留在实验阶段，对这些加工副产物的有效利用还比较有限，而真正能够有效利用这些副产物的工艺和产品还是比较少的。所以，持续深入地对菠萝副产物的研究具有迫切性和必要性。同时要加强科企合作，改进相关工艺配套。总之，合理利用这些加工副产物，一方面可以延长菠萝的产业链条，另一方面有利于资源的合理利用，促进菠萝产业的可持续性发展。具体的应用方式将在第二章详细介绍。

菠萝加工副产物的利用价值

第一节　菠萝加工副产物的食品化利用

菠萝在加工过程中产生的主要副产物有菠萝皮渣、菠萝茎、菠萝叶，尤其是菠萝皮渣，直接丢弃造成了严重的资源浪费以及环境污染。

一、营养成分组成

菠萝具有良好的营养价值和保健功效，研究表明，每 100 克菠萝中含水量约为 87.10 克，碳水化合物 8.50 克，蛋白质 0.50 克，脂肪 0.10 克，纤维素 1.20 克，钾 126.00 毫克，钙 20.00 毫克，钠 1.20 毫克，铁 0.20 毫克，锌 0.08 毫克，磷 6.00 毫克，维生素 C 18.00 毫克，烟酸 0.10 毫克，胡萝卜素 0.08 毫克，维生素 B_1 0.03 毫克，维生素 B_2 0.02 毫克，灰分 0.30 克，此外还含有多种有机酸及菠萝酶等（张秀梅 等，2010）。

菠萝皮渣是菠萝加工产生的副产物，占菠萝鲜重的 50%～60%，其中菠萝皮占约 1/3。如果随意丢弃，不仅污染环境，也是一种资源的浪费。研究者对菠萝皮渣中的营养成分进行了测定，结果显示，菠萝果皮渣中水分、总糖和柠檬酸等营养成分的比例与果肉差别不大，蛋白质和灰分的含量甚至比果肉中的还要高，分别是果肉的 2.5 倍和 3.0 倍，并具有高纤维低蛋白的特点。进一步的研究表明，菠萝皮中的糖分含量较高，为 8%～10%，而粗纤维含量为 1.034%～1.096%，粗蛋白为 0.56%～0.71%，灰分为 0.568%，有机质为 0.60%～0.77%，维生素种类丰富，尤其是维生素 C 的含量较高，以及含有易为人体吸收的钙、铁、镁、钾、钠、磷等矿物元素。此外还含有丰富的膳食纤维、多酚等生物活性成分（李俶 等，2011；戴余军 等，2014）。

菠萝叶是菠萝果实收获后的农业废弃物，《中华本草》记载，菠萝叶有消食和胃、止泻的功能，治消化不良、脘腹胀痛等。菠萝叶在新鲜状态下的含水量约为 82.3%；其次是有机碳，可达到 35.3%；氮、磷、钾的含量分别为 1.29%、0.08%、1.11%。菠萝叶含有多种天然活性成分，例如，香豆酸和菠萝酰酯。同时，菠萝叶中还含有丰富的纤维素，其中包含可供人体食用的可溶性膳食纤维（Soluble Dietary Fiber, SDF），可以通过一定的工艺提取出来（郭艳峰　等，2019；黄筱娟，2014；林丽静　等，2015）。菠萝叶中的化学成分较为复杂，经鉴定分析，主要是酚类和萜类以及糖类化合物大分子，有三萜类、酰胺类、苯丙素类等化合物（王伟　等，2006；汪泽　等，2016；蔡元保　等，2017；赵婷　等，2018）。

菠萝茎也是菠萝采收后留下的副产物，每公顷产量达到 37.5 ～ 45 吨，除少量用于提取菠萝蛋白酶外，其余未得到充分利用。菠萝茎的水分、粗蛋白、粗脂肪的含量和果肉不相上下，同时也含有多种人体必需的常量矿质元素（如钙、镁、钠、钾）和微量元素（锰、铜、锌等），其中钾的含量可达到 176.66 毫克 /100 克。研究表明，菠萝茎淀粉的白度比玉米淀粉和马铃薯淀粉的都高，菠萝茎中粗纤维的含量为 9.42%、淀粉含量高达 34.90%。菠萝茎淀粉中直链淀粉含量为 33.34%。直链淀粉具有抗润胀性，成膜性和强度都很好，具有近似纤维的性能。若能用于食品的开发，会具有很大的潜在价值（何运燕　等，2008；谭龙飞　等，2017a；谭龙飞　等，2017b）。

二、应用价值

菠萝除果实被用作食品外，其他部位在民间还常作医药用途。在泰国，菠萝被当地居民用于利尿药物。在中国，菠萝根茎被用于抗病毒，止咳，抗痢疾；菠萝叶则用于改善消化不良和抗痢疾，菠萝叶提取物有降血压、降血脂、抗菌以及抗氧化等作用。

菠萝加工副产物中的营养价值丰富，不论是菠萝皮渣还是菠萝茎叶，其营养价值和果肉相差无几，但目前对这些副产物的利用率较低，国内外对其食品化利用主要有以下几个方面。

（一）酿造啤酒和白兰地

菠萝皮渣中的总糖含量较高，早在 20 世纪初，就有学者利用菠萝皮渣进行酿造啤酒实验，通过添加啤酒酵母，并在一定的反应条件下，成功地将菠萝皮渣榨汁经过发酵后形成具有独特风味的菠萝啤酒。业内人员还研究了利用菠萝皮生产白兰地的方法,最后得到的产品澄清、透明,色、香、味俱美,尤其果香浓馥,具有典型白兰地风格,可与我国名牌产品烟台白兰地和金奖白兰地相媲美(贾言言 等,2015;张庆庆 等,2015)。

(二)酿制果醋

果醋是以水果,如棠梨、山楂、桑葚、葡萄、柿子、杏、柑橘、猕猴桃、苹果、西瓜等,或果品加工下脚料为主要原料,利用现代生物发酵技术酿制而成的一种营养丰富、风味优良的酸味调味品、饮品。它兼有水果和食醋的营养保健功能,是集营养、保健、食疗等功能为一体的新型饮品。科学研究发现,果醋具有多种功能,如降低胆固醇、提高免疫力、促进血液循环等功效。由于菠萝皮渣中含有与果肉相近的营养成分,因此可利用菠萝皮渣进行果醋的生产加工,且已有相关报道和产品入市。王玲等(2008)研究出一套新工艺酿制菠萝皮渣果醋,先将菠萝皮渣切片加糖打浆,然后调节糖酸进行酒精发酵,接着醋酸发酵,经过灭菌包装等少许步骤就可以得到菠萝皮果醋成品。所得到的产品呈浅黄色,散发菠萝果香和醋香,味道纯正,口感丰富,口味柔和,无悬浮物或者沉淀,澄清透明。

(三)制成乳酸饮料

将菠萝皮挑选、清洗后,加入质量分数 0.1% 的 Na_2SO_3 溶液打浆,直至颗粒大小为 0.3 ~ 0.4 厘米,在 110℃ 条件下进行鲜乳杀菌 15 分钟,加糖调节甜度,然后接种 0.3% 的乳酸菌在 28 ~ 31℃ 发酵 6 天,最后经过杀菌、包装就可以得到成品。此法制得的乳酸饮料菠萝味较好,出汁率高且酸味较柔(张百刚 等,2013)。

(四)调制菠萝皮汁

菠萝汁是用菠萝和盐混合调制而成的具有清热解渴等疗效的饮品。根据添加的辅料不同而具有不同的功效,如健脾益胃、清胃解渴、补脾止泻等。

通过将菠萝皮渣进行压榨后,经过一定的工艺处理,可做成菠萝皮汁出售。印度尼西亚楠榜省菠萝果汁(包含菠萝皮汁)产品出口 16 个国家和地区市场,果汁产品也深受亚洲及欧美国家的欢迎。仅仅一个月,销往国外的菠萝果汁产品达到 8 814 吨，出口额达到 460 万美元。这说明将菠萝皮加工为菠萝皮汁液，可以减少菠萝果肉的损失，减少菠萝废弃物对环境的破坏，充分利用资源。对价廉味美的菠萝皮汁的研究，也会有比较广阔的前景。

（五）制作果冻

先将菠萝皮、菠萝心等破碎，压榨取汁，再过滤以除去悬浮颗粒，然后进行澄清处理，再把菠萝汁加热至沸 1 ～ 2 分钟，速冷，静置数小时；或者直接在过滤后的菠萝汁中加入 3% 的新鲜蜂蜜以及使用远天 33 酶制剂澄清等。澄清完毕后用虹吸方法吸取上清液，所得上清液即为制作果冻用的澄清菠萝汁。然后加入柠檬酸、糖浆、果冻凝固剂等配料，按照传统的果冻加工工艺加工即可制成具有菠萝口味的果冻。

（六）生产酶素

酶素，以动物、植物、菌类等为原料，添加或不添加辅料，经微生物发酵制得的含有特定生物活性成分的产品，是具有催化作用的大分子物质，深受日本及中国台湾地区人民喜爱的一种植物功能食品。酶素中含有丰富的矿物质、维生素、低聚糖、多酚、黄酮、酶和次生代谢产物等营养成分，具有美白抗氧化、抗菌消炎、润肠通便、解酒护肝、增强机体免疫力、修复机体损伤等保健功能。国内外已有利用菠萝加工副产物菠萝皮进行酶素生产的报道，如南竹等（2017）利用菠萝皮渣，再加入 0.3% 的酵母量，23℃发酵 16.5 小时，制得的菠萝皮渣酶素颜色均匀，酸甜适口并伴有发酵香味，蛋白酶活性为 2 546.80 酶活力 / 克，说明利用菠萝皮渣废弃物制备酶素具有一定的可行性。

（七）开发膳食纤维食品

在亚健康人群和各种慢性疾病不断增长的现代社会，膳食纤维在预防肥胖症、增强免疫、防止糖尿病、预防结肠癌、抑制有害菌等方面具有独特的优势，已成为保健食品不可缺少的重要成分之一。菠萝叶含有多种天然活性成分和丰富的膳食纤维，且菠萝叶产量巨大，对菠萝叶进行膳食纤维的提取并制成食品，将极大地增加菠萝叶的附加值（戴余军 等，2014）。郭艳峰等通过优化后的碱法提取菠萝叶中的膳食纤维，提取率约为 10%，且具有进一步提高产量的潜力（郭艳峰 等，2019）。

第二节　菠萝加工副产物的饲料化利用

菠萝叶是果实收获后的农业副产物，含有植物蛋白、葡萄糖、淀粉、钙、磷、叶绿素等营养物质。菠萝渣营养丰富，粗蛋白含量为 7.48% ～ 7.72%、粗灰分含量为 5.32% ～ 5.54%、粗脂肪含量为 2.37% ～ 2.43%。有人等对广西 10 种经济作物副产物营养价值进行分析后认为，菠萝皮的营养价值比甘蔗梢、甘蔗渣、木薯渣和油菜秸秆的营养价值都高。目前，在动物生产上利用菠萝废弃物的方法主要包括利用菠萝废弃物制成干燥饲料、青贮饲料和蛋白饲料（李梦楚 等，2014；李茂 等，2014；田志梅 等，2019；王刚 等，2011；吴征敏，2019）。

一、干燥饲料

菠萝加工副产物（如菠萝皮渣、菠萝叶等）含有丰富的营养物质，经过一定处理后，可以作为优质畜禽饲料。采用不同的物料厚度和干燥温度对菠萝皮进行干燥，能生产出营养丰富、风味独特的菠萝皮饲料。业内人员将新鲜的菠萝皮经过压榨搅拌、低温干燥并粉碎制成饲料。所得饲料含有多种营养成分，其中无氮浸出物和粗纤维含量较高，钙含量中等偏上，虽然蛋白、脂肪、磷等养分含量偏低，通过添加其他物料进行搭配可以作为畜禽饲料使用。如果能大范围地推广使用，每年将会节省大量的其他饲料原材料（如豆粕）。

二、青贮饲料

菠萝叶经提取纤维后的叶渣是一种很好的青贮饲料，其干物质中粗蛋白含量为 7.90%、粗纤维为 14.02%、脂肪为 1.91%、无氮浸出物为 26.05%，其营养成分与象草相近。菠萝皮渣含水和糖分较多，容易腐烂变质。但经过适当的前期处理，通过一些发酵工艺手段可以改善菠萝皮渣的适口性，又同步提高了其营养价值，可以将其作为青贮饲料使用。国内外已经有很多关于用菠萝皮渣用作青贮饲料用来喂养牛、羊、猪等家畜家禽，且取得了较好的效果。可见，如果能充分利用菠萝加工废料生产饲料，可以开辟新的饲料来源，一方面能减少养殖户的生产支出，另一方面能减少青饲料的种植面积。同时增加菠萝的附加值，为菠萝产业的发展提供新动力。

三、蛋白质饲料

菠萝皮经过发酵后可以生产出大量的优质蛋白，每吨菠萝皮渣废料可得到约 158.7 千克的蛋白。有数据表明，发酵后的饲料粗蛋白含量可提高 25.38%，经过水洗后，16 种氨基酸含量均有很大幅度的提高，并且产品气味芳香，适口性大为改善，用作鱼、牛和羊等养殖的饲料，说明可以将菠萝皮经过发酵后制得较高质量的蛋白。

第三节　菠萝加工副产物的田间利用

我国菠萝产量巨大，除很少一部分菠萝果实被鲜食外，大部分都是加工成菠萝罐头、菠萝汁等产品，从而产生了大量的菠萝加工副产物，如菠萝皮渣。在收获的过程中，只采收菠萝果，留下了大量的菠萝茎叶未加以利用，造成严重的资源浪费和环境污染。通过深入研究这些菠萝副产物，拓宽其在农业上的利用价值，最终为菠萝产业的可持续性发展提供新途径。目前，菠萝加工副产物的田间利用主要体现在以下几个方面。

一、粉碎还田

据统计，平均每亩菠萝收获地将产生 10 余吨菠萝叶。而且随着近年来菠萝种植业的扩大，产生的菠萝叶、茎、皮等废弃物总量更是巨大。菠萝叶、茎以及菠萝皮渣中含有丰富的氮、磷、钾等元素和有机质，充分回田后，相当于每公顷增加约 3 150 千克复合肥的效力，经济效益显著。最直接的方式，是在菠萝采摘后，将整个植株用机器打碎还田，茎叶腐烂后作为有机肥，可以增加土壤有机质、并改善土壤结构（张园 等，2017）。

张静等做了不同还田方式下菠萝茎叶腐解及养分释放特征研究，发现在不同还田方式下养分释放速度是不一样的，如果是短期还田，建议使用覆土覆膜方式，若长期还田则使用仅覆土的还田方式。但目前这种机械化粉碎回田还存在很多不足，多数情况下要粉碎 2 次，且粉碎后的菠萝叶仍较长，不易腐烂，甚至不利于下一茬作物的种植，因此，相关技术与设备仍需改进与完善（张静 等，2016）。

二、生物有机肥

菠萝加工副产物是有机物，且含有丰富的营养成分，同时，菠萝在种植生长中，几乎不使用农药，不用担心农残，使得菠萝叶成为一种制造生物有机肥的优质原材料。具体制作方法如下：一是将菠萝叶渣、鸡粪、木糠、过磷酸钙按一定重量比例混合搅匀；二是将生态液菌（EM 菌）拌入糖蜜废水中稀释拌匀培养 20 ～ 30 小时，浇到混合料中，边浇边搅拌至均匀；三是将混合料堆成圆锥形置于平整地面，保持通透性，避免雨水淋冲；四是观测堆温，堆温升至 50℃时翻堆，每天 1 次，堆温超过 65℃再次翻堆；五是 10 ～ 15 天堆温降低，物料疏松，无物料原臭味，稍有氨味，堆内物料带有白色菌丝时表明堆肥已腐熟。菠萝叶生物有机肥使用安全、施用方便、肥效高，有利于提高农产品品质，生产绿色食品（邓干然 等，2009）。广东丰收糖业发展有限公司利用菠萝皮、渣生产生物有机肥，已初步实现了产业化。

第四节　菠萝加工副产物其他利用方式

一、提取菠萝叶纤维素

菠萝叶纤维（Pineapple Leaf Fiber, PALF）是从菠萝植物叶片中提取的纤维，也被称为菠萝麻或凤梨麻，属麻类纤维中的叶脉类。与其他麻类纤维类似，是一种性能优异的天然植物纤维。菠萝叶纤维的化学成分主要是纤维素，其次为半纤维素、木质素、果胶、脂蜡质、水溶物、灰分等，具有抗菌、良好的机械强度、可降解等性能。其强度比棉花强，可用于纺纱织布、造纸等，其纤维织物凉爽透汗，经久耐用。其纯纺布料在国际市场售价高达21美元/米，约合人民币135.58元/米。有人对菠萝纤维的产量进行了研究，每亩可用于提取纤维的叶片5吨计，按照菠萝叶提取纤维制得率约为1.5%，则亩产纤维达到75千克，如果能加以合理利用，将在很大程度上提高菠萝种植的经济效益和社会效益，促进菠萝种植业的持续发展。

（一）菠萝叶纤维的性能

1. 吸放湿性能

菠萝叶纤维中含有大量的亲水基团，纤维之间有大量的缝隙和孔洞，表面积较大，木质素和半纤维素成分较多，有利于水分的吸收稳定，因此菠萝叶纤维的吸放湿性能优异。

2. 抗菌性能

经检验证明，菠萝叶纤维对金黄色葡萄球菌的杀菌值及抑菌值均符合日本标准JISL1902—2002规定，抗菌效果明显（王金丽 等，2009）。

3. 防螨性能

螨虫在人们的日常生活中随处可见，易引起过敏反应，对人们的身体健康造成威胁。据有关部门检测，螨虫能够传播病毒和细菌，导致呼吸道疾病、皮肤病等多种不良后果。实验证明，菠萝叶纤维无须添加任何化学物质或进行任何防螨处理，驱螨率可达到80%以上，防螨效果较强（张慧敏，2016）。

4. 除异味性能

相关文献表明，在60升密封玻璃瓶中加入一定量的氨、乙酸、乙醛、甲醛、苯等气体，用300克菠萝叶纤维处理72小时后，气体浓度下降率从59%～98%不等，说明菠萝叶纤维具有明显的去除异味作用，可能是异味呈味物质经菠萝叶纤维的吸附作用而被去除（魏晓奕 等，2018）。

（二）菠萝叶纤维的应用

1. 作为纺织原材料

由于菠萝叶具有优异的吸放湿性能、抗菌防螨性能，将加工后的菠萝叶纤维作为纺织原材料进行布料的生产加工，菠萝叶纤维经过深层加工处理后，其强度比棉花高，外观洁白，轻软爽滑，手感如蚕丝、似亚麻，织物吸湿透气，凉爽不贴身，不易起皱，易印染，宜制作中高档西服、衬衫、领带、各种装饰物及高级纸张。菠萝叶纤维以其良好的品质和独特的性能正日益受到人们的广泛欢迎。

2. 复合材料用增强材料

菠萝叶纤维刚性大，经过表面改性可增加它与树脂、橡胶等高分子材料的相容性。研究人员用菠萝叶纤维对天然橡胶进行补强试验研究，得到了综合性能优良的复合材料，模量、硬度、定伸应力、撕裂强度均有所增大。此外，菠萝叶纤维还可作为环氧树脂、聚乙烯、聚丙烯、乙烯酯、聚酯及聚碳酸酯等复合材料用增强材料（李银环 等，2004）。

3. 造　　纸

菠萝叶纤维长，撕裂度高，具有良好的透气性、吸墨性及耐折性，可以制造成多种用途的纸，如薄型外包纸、滤纸、卷烟纸、茶叶外包纸、宣纸及绝缘纸等。此外，可以利用菠萝叶纤维作为填充物，有效改善剑麻纤维制作的电容器绝缘纸内部结构的不均匀性，起到比较理想的绝缘效果。

4. 作为吸附材料

目前，国内外加工菠萝废弃物后形成吸附材料的研究较多，主要通过直接改性或者与其他物质复合用于吸附重金属离子，如 Cu^{2+}、Zn^{2+}（陈清兰，2019）。菠萝皮渣中富含纤维素，对其进行改性可以应用在废水处理和环境保护中，用于吸附重金属和染料。

5. 制作纤维素纳米晶

纤维素是世界上最丰富的生物质，纤维素纳米晶作为各种纤维素生物质纳米级别的提取物，由于其优异的特性，高强度，高弹性模量，低热膨胀系数，良好的光学性能，优良的机械性能，化学反应活性高、比表面积大和低毒性等优点，成为目前热点研究材料。菠萝叶、菠萝皮渣中含有丰富的纤维素，且我国菠萝皮渣、叶废弃物每年产量巨大，同时目前纤维素提取工艺得到了较大的改善，有很好的应用前景。罗苏芹（2019）从菠萝皮渣中提取纤维素后，并通过酸解法、过硫酸铵法、酶解法 3 种方法制得了纤维素纳米晶，说明从菠萝皮渣中提取的纤维素是可以用来制备纤维素纳米晶的，进一步拓宽了菠萝废弃物的利用范围，增加了其利用价值。

（三）菠萝叶纤维提取

由于菠萝叶纤维用途较广，所以其需求量也很大。菠萝叶纤维的提取工艺随着科技的发展也日渐成熟，从早期的手工提取，到现在的全自动化提取，不论是产量还是质量都有很大的提升。我国对菠萝叶纤维的提取发展较慢，研究报道主要来源于中国热带农业科学院农业机械研究所张劲研究团队，他们经过多年对菠萝茎叶的研究，解决了菠萝叶纤维机械提取加工工艺与配套设备、纤维精细化处理技术、纤维产品开发等一系列关键问题，配套开发了提取纤维后菠萝叶渣的饲料化、能源化和肥料化技术，形成比较成熟的菠萝叶综合开发利用技术，成功开发了具有抗菌、驱螨、除异味等功效且穿着舒服的菠萝叶纤维制品。

二、提取菠萝蛋白酶

菠萝蛋白酶（Bromelain），占全世界总酶市场约 60% 的市场份额。植物源半胱氨酸型蛋白酶和动物组织蛋白酶由于它们广泛的蛋白底物水解活性而具有巨大的市场，菠萝蛋白酶作为其中的重要成员之一，及其所具有的独特功能因而得到广泛的应用（罗梦，2017）。

菠萝蛋白酶于 1891 年被首次发现，是对从菠萝果实和茎中提取分离的蛋白水解酶总称，属于巯基蛋白酶，呈黄色。Heinicke 等（1957）从菠萝茎中分离出菠萝蛋白酶，从而实现了菠萝蛋白酶的商品化生产。菠萝蛋白酶中含有多种不同蛋白水解酶组分。此外，菠萝蛋白酶，不管是游离态酶还是酶的复合物状态，在最适温度范围均比较稳定。众多研究表明，菠萝蛋白酶最适反应温度为 55 ～ 60℃，最适 pH 值为中性，菠萝蛋白酶酶活性还受到金属离子以及提取过程中的有机物等物质的影响（黄志坚 等，2014）。

通过对菠萝不同组织中的蛋白含量和酶含量的测定发现，菠萝果肉、皮渣、茎、叶等组织之间的蛋白含量及酶活性的差异均是相当显著的，其中蛋白含量及酶活性最高的均是菠萝茎，随后依次是果肉和皮渣，而菠萝叶中不含菠萝蛋白酶。虽然菠萝皮渣的蛋白酶比活力为 348.34 单位 / 毫克，而菠萝茎相应的蛋白酶比活力为 467.61 单位 / 毫克，但菠萝皮渣产量和出汁率均比菠萝茎高，成本低廉，适合用于工业上生产菠萝蛋白酶（吴茂玉 等，2008）。

目前，菠萝蛋白酶已广泛应用于食品、化工和医药等领域。首先，利用菠萝蛋白酶水解含酪氨酸较多的蛋白质的能力，可以用来嫩化牛肉，使牛肉的口感得到明显提升；其次，在啤酒的生产过程中，加入菠萝蛋白酶，能使啤酒的浑浊度下降 1.51 ～ 5.30 倍，而啤酒的口感、酒精含量、色度、总酸等指标无明显变化；再次，在生产动物饲料的过程中加入菠萝蛋白酶，可以提高蛋白质的利用率和转化率，拓展蛋白来源等；最后菠萝蛋白酶还可以防治心血管疾病，具有消炎、抑制肿瘤细胞的生长、治疗烧伤脱痂、增进药物吸收等作用。

目前，工业上提取菠萝蛋白酶的方法主要有 3 种，分别是高岭土吸附法、单宁沉淀法和超滤法。此外还有沉淀法、双水相萃取法、反胶束萃取法、新型纳米吸附剂法、离子交换色谱法等。

三、制成生物质炭

生物质是一种可再生的自然资源，利用废弃的生物质制备活性炭是一种清洁和节能的方法。常见的废弃植物资源包括农作物秸秆、树木植被、坚果壳和果皮等。菠萝的废弃物含有丰富的营养成分，同时含有丰富的纤维素和果糖等成分，正是由于这些特性，菠萝加工副产物可以作为一种营养丰富的优质碳源，可用于开发生物质基活性炭。朱梦媛（2019）通过不同的工艺合成了菠萝废弃物基多孔活性炭和活性炭微球吸附剂，并分别研究了它们对低温 CO_2 的吸附性能，2 种活性炭吸附剂都对 CO_2 产生了很好的吸附效果。此外，将菠萝皮渣经过加工以及后续一系列的处理，可以制成生物质炭用以吸附农药残留，减少农药对环境的危害，也拓宽了菠萝皮渣的再利用途径（黄鹏，2018）。

四、生产单细胞蛋白

单细胞蛋白（Single Cell Protein, SCP）是指从微生物、微藻细胞中分离得到的蛋白质。到目前为止，利用菠萝加工废料生产单细胞蛋白的研究报道也较多，主要用作培养基来培养酵母或者细菌，从而生产单细胞蛋白。

五、提取果胶

果胶是一种非常重要的安全无毒的天然食品添加剂，作为食品添加剂或配料应用于食品工业中，主要起到胶凝、增稠、改善质构、乳化和稳定的作用。菠萝皮渣中的果胶含量较高（湿重约为 1.7%，干重约为 9.2%），有研究表明，每 500 吨的菠萝皮渣大约可提取 1 吨的果胶。利用菠萝皮提取的果胶，可以用作食品添加剂，也可以进一步加工成果胶低聚寡糖，既解决了菠萝皮渣带来的环境污染问题，又为食品工业增加了新的果胶原料来源。

六、制取草酸

草酸广泛应用于陶瓷、染料、皮革、制药、食品、冶金及有机合成等行业，随着其用途的不断拓展，特别是稀土提炼、皮革和制药等迅速发展，草酸需求量大增。而我国是草酸生产大国，年产量 8 万～ 10 万吨，其中30%～ 40% 用于出口。生产草酸的方法主要是甲酸钠法、以糖或淀粉经酸处理后用硝酸氧化法、使用纤维物质经酸或碱制取。而我国主要是以碳水化合物氧化法为主，而该法要以淀粉、葡萄糖为原料，将消耗大量粮食，不可持续。菠萝皮渣中的营养成分和果肉类似，含有丰富的多糖和淀粉以及纤维素，用菠萝加工废弃物菠萝皮渣为原料，可以制得符合标准的草酸，同时对反应后的残渣经过化学反应后可以用来生产多元复合肥料，既可增加经济效益，又增加了生态效益（刘晓庚，2005）。

七、生产生物质能

（一）制备氢气

有科研团队在室温下，利用菠萝加工副产物的废弃物，通过添加发酵菌种以及控制反应条件，用批量发酵工艺进行菠萝皮渣厌氧发酵制氢的试验，菠萝皮渣挥发性固体（VS）、总固体（TS）发酵产氢潜力分别为 164.19 毫升 / 克、156.90 毫升 / 克，优于秸秆类生物质原料发酵制氢量，说明利用菠萝皮渣制氢具有一定的可行性。而我国又是菠萝生产大国，每年因为菠萝加工而浪费的废弃物总量惊人，如果能充分利用这些废弃物，将为环境保护作出突出贡献（杨眉 等，2019）。

（二）生产沼气

菠萝叶提取纤维后产生大量的菠萝叶渣，这些菠萝叶渣与玉米秆、稻草、麦秸一样，都是优良的富碳原料，为微生物的生存和沼气的生产提供了物质基础。沼气发酵是一种最合理、最有效的生物质能转换方式，目前通过厌氧发酵将菠萝叶渣消化分解为沼气的技术已日趋成熟，并已成功运用于实际生产中，为菠萝废弃物的回收利用增加了更大的价值（苑艳辉，2005）。

八、提取多酚

多酚是一类存在于植物体内的次生代谢产物，广泛存在于水果、蔬菜、谷物、果仁以及植物香辛料中，是人们从饮食中获取的数量最多的抗氧化物质。大量的研究证实，多酚具有多种重要功能，如抗氧化活性（包括清除自由基、抑制脂质氧化）、抗癌、抑菌等功效（沈佩仪，2012）。

菠萝叶中的化学成分比较复杂，除含有丰富的酚类和黄酮类物质外，还有甾体类、酰胺类物质，通过不同的工艺手段能够从菠萝叶中提取出不同的化学物质。沈佩仪通过传统溶剂法和超声法对菠萝皮中的多酚类物质进行提取，最后得到的多酚含量分别为 7.77 毫克 / 克和 7.98 毫克 / 克（沈佩仪，2012）。澳大利亚科学家从菠萝叶中提取出来 2 种菠萝朊酶，它们具有阻止肿瘤增生的功能，对遏制胸部、肺部、结肠、卵巢肿瘤以及黑素瘤的生长尤为有效。另外，黄筱娟（2014）发现菠萝叶提取物乙酸乙酯萃取部位的物质还具有防晒功能。

九、提取菠萝皮色素

随着天然植物色素研究的深入，其在医学、食品、化妆品等行业的应用越来越受到人们的重视。菠萝中含有丰富的黄色色素，可以作为一种天然色素的来源。菠萝叶片主要色素组成是叶绿素、类黄酮和总酚，且含有少量的花青苷，几乎不含类胡萝卜素。相关性分析结果显示，菠萝叶片类黄酮和总酚含量均与 3 种抗氧化活性指标呈极显著正相关，而叶绿素含量与其他指标相关性未达到显著水平，类黄酮和总酚是菠萝叶片抗氧化活性的主要功效成分。有学者利用循环超声提取法从菠萝皮渣中提取色素，得到的色素对光、温度和氧化还原剂都表现出很强的稳定性，且具有抗敏活性，可用于医药、食品等行业（蔡元保 等，2017）。

综上所述，通过对菠萝加工副产物进行科学的研究以及实验改进，完全可以对其进行再利用，正如"垃圾是放错了的资源"一样，只要科学合理地利用这些菠萝加工废弃物，也能够让这些"垃圾"大放异彩。

第三章

菠萝加工副产物食品化利用

近几年，我国菠萝加工产业快速发展，菠萝种植面积不断地增加，相关的菠萝加工产品不断丰富，形式呈现多样化。在我国水果中菠萝产量居于前十位，2015 年我国菠萝年产量已达到 149.54 万吨，在国际贸易中，菠萝多以鲜菠萝、菠萝罐头、菠萝汁、果酱等形式加工。由于终产物不同使得加工后产生的废弃物的含量也不同，菠萝罐头在生产过程中能产生 50% 的加工副产物，而其他加工产品的菠萝废弃物产量也处于 25% ～ 35%。我国每年菠萝加工产生的皮渣数以万吨，基本尚未被开发利用，这些残留的副产物若不经过再次处理就将其废弃，不仅是对水果资源的浪费，也会造成污染环境。

事实上，菠萝皮渣含有丰富的汁液，风味和营养成分与果肉相差较小，其中菠萝皮渣中粗蛋白和灰分的含量分别是果肉的 2.5 倍和 3.0 倍，也含有维生素、果糖等可供微生物生长繁殖必需的营养物质（李俶 等，2011）。为充分利用资源，国内外对菠萝皮渣的开发利用进行了大量研究，从加工副产物中提取黄酮、多酚等功能活性成分、发酵沼气和饲料等。从菠萝加工废弃物的特点和现代果蔬加工技术的发展来综合考虑，菠萝加工废弃物也可以作为酿造酒的原料（林丽静 等，2019）。李瑛（1991）将破碎的菠萝果皮渣经 SO_2 灭菌，再配以适当的糖分，然后用果酒酵母 63 号、64 号在 28 ～ 30℃条件下进行半固体发酵，再经 15 ～ 25 天的后发酵及陈化处理，酿制出口感较好的低度菠萝果酒。有研究人员研究了以菠萝皮渣为原料生产白兰地酒的工艺，证实菠萝皮渣可以在自然酸度条件下正常发酵，并且生产的白兰地产品澄清透明、色香味俱全，其品质接近以果肉生产的产品，生产工艺简单，发酵周期短。菠萝皮渣中含有丰富的低脂果胶物质，低酯果胶即使不加糖、酸只要存在高价态金属离子即可生成凝胶，广泛用于低糖产品，生产低热低糖的功能性保健食品。随着工业化生产技术的提高和人们环保意识的逐渐增强，越来越多的菠萝废弃物被再次利用，更多的菠萝副产物产品呈现在人们的眼前。

第一节 菠萝加工副产物发酵果酒

果酒在世界酒类市场逐渐成为畅销型产品，而随着我国产业结构的调整和人们消费观念的变化，我国酒类市场逐渐出现从高度酒向低度酒、从粮食酒向果酒类转变的趋势（赵婷 等，2019）。将我国过量的水果发酵成果酒，不但能提高我国水果资源的利用率，还能减少粮食的浪费，提高果品附加值，满足消费者对健康的追求。目前市场上果酒种类繁多，缤纷复杂，根据果酒酿造方式可将果酒分为4类：发酵酒、蒸馏酒、配制酒和起泡酒。

发酵酒是采用水果为原料，通过酵母的分解代谢，将水果中的糖分转化为酒精，并产生其他营养成分的低度果酒，这类酒香味纯正、营养丰富。

蒸馏酒是对水果皮渣发酵的酒液进行蒸馏而得，这类酒具有高酒精度、强刺激性和低营养价值等特点。

配制酒又称勾兑酒，是采用白酒、发酵酒或蒸馏酒为酒基，再加入果肉、中药、果皮等辅料浸泡而成，达到改变原酒风格的目的，生产方便，具有一定的果香和营养价值。

起泡酒是富含二氧化碳的一类酒，营养价值高，口感清凉，价格较高。

发酵型果酒由于滋味醇厚，果香突出、营养价值高，在果酒中备受消费者青睐。发酵型果酒是在酿酒酵母的作用下，分解糖类产生酒精和次级代谢产物。在这一过程中，会产生大量的中间产物，如高级醇、酯类、甘油、醛类等物质。随着发酵进行，酒醪中糖分逐渐减少，酒精度增加，水果中色素不断与酒醪混合，使果酒具有水果特有的色泽。后期陈酿时，酸和醇发生酯化反应，生成酯类，并经过氧化还原反应降低果酒中的甲醛、挥发酸、杂油醇、单宁等物质含量，使酒澄清透亮、口感柔和，风味纯正。果酒既保留了水果部分营养成分，又在酵母发酵中产生其他活性物质，是一种全天然高营养的发酵饮品。果酒酒精度较低，不会对人体造成伤害，长期饮用能够有效促进机体新陈代谢；果酒中的糖、蛋白质和有机酸等，能滋补身体，具有美容养颜、调节情绪的作用；果酒中富含多种维生素，能维持皮肤弹性，增强免疫力。

一、菠萝皮渣酿造果酒的原理

利用菠萝皮渣酿造果酒是将菠萝皮渣经破碎、压榨、打浆处理后，使酿酒酵母能利用菠萝皮渣中的糖分生长代谢，生成含有酒精的饮品，菠萝残渣中的营养成分溶于酒中并在酵母的代谢下相互转化，使酿造酒中富含多种营养成分，具有较好的保健功效。

二、菠萝皮渣制酒工艺

菠萝皮渣工艺流程如图 3-1 所示。

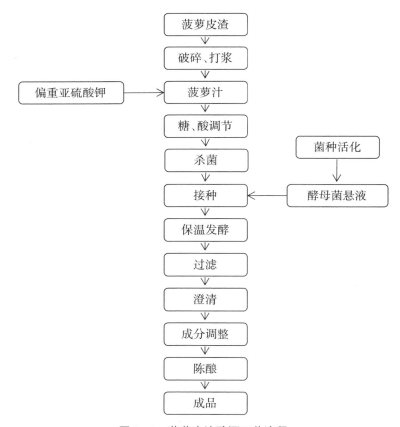

图 3-1　菠萝皮渣酿酒工艺流程

（一）酵母活化

活性干酵母含水量较低，一般在 5% 以下，在使用之前需活化，使其细胞含水量恢复至正常状态，以增强发酵活性。干酵母需在酵母培养液中生长 24 小时后接种至少量的菠萝汁中，以适应新的生长环境，保证在发酵过程中能够发挥功效。

（二）原料处理

收集回来的菠萝皮渣首先用清水进行冲洗，洗去表面的灰尘与杂质。菠萝皮渣中含有大量的杂菌，发酵过程中会抑制酵母菌的生长。将菠萝皮渣输送至打浆机中打浆后加入 110 毫克/升偏重亚硫酸钾溶液，以防止氧化，同时防止杂菌的生长。

（三）糖、酸调节

菠萝皮渣匀浆液含糖质量分数为 8%～12%，若仅用皮渣进行发酵则酒度较低。用白砂糖制成糖浆添加至匀浆液中，使含糖质量分数达到 20%～24%，提高发酵酒度。同时为改善原酒的风味添加一定量的柠檬酸，维持浆液合适的酸甜比便于更好地酿造果酒。

（四）杀　　菌

为防止发酵过程中其他杂菌和野生型酵母菌的生长，在正式加入酵母菌开始酒精发酵之前，要对菠萝皮渣醪进行杀菌。像菠萝皮渣醪这种低酸性流体，在工业生产上一般采用低温长时（60～70℃，10 分钟）的杀菌方式，既减少高温对营养物质的损伤，又能破坏原料中多酚氧化酶的活性。

（五）接　　种

待菠萝皮渣醪冷却至室温后，接入约 5% 的活化酵母，控制温度在 20～24℃下进行发酵，时间 7 天左右，直至无气泡产生说明发酵结束。酒精发酵是果酒酿造过程中的主要生物化学变化。它是果汁中的乙糖在酵母的作用下，最后生成酒精和二氧化碳的过程。

渣醪发酵过程的产物如下。

1. 乙　　醇

乙醇具有芳香和带刺激性的甜味。11% 以下的酒很难有酒香，乙醇与单宁、酸等成分相互配合才能达到柔和的酒味，乙醇含量增加可以抑制许多微生物的生长。

2. 甘 油

甘油是除水、乙醇外含量较高的物质，味甜且稠，有利于增加果酒的稠度，使果酒口味清甜圆润。经过贮藏含量升高。

3. 乙 醛

乙醛是酒精发酵副产物，过多的游离乙醛会使果酒有苦味和氧化味，经过陈酿含量升高。

4. 醋 酸

醋酸是挥发酸，主要在原料和发酵过程中由酵母菌和乳酸菌代谢产生，在一定的范围内是果酒良好的风味物质，赋予果酒气味和滋味。当含量低于阈值时可协调、平衡酒香，高于阈值又会给香气带来负面影响。

5. 琥珀酸

琥珀酸可以增加果酒爽口感。

6. 高级醇

高级醇是酒的重要香气物质，主要通过糖代谢和氨基酸分解代谢途径产生，但含量过高会产生不愉快的粗糙感。

（六）过滤澄清

采用多层纱布过滤酒醪，压榨出菠萝皮渣中的酒液，向酒液中加入澄清剂去除酒液中的杂质。

1. 明胶单宁澄清法

果酒中含有带负电荷的果胶、纤维素、单宁及多缩戊糖，与带正电荷的明胶相互作用，絮凝沉淀，明胶与单宁形成明胶单宁络合物，随着络合物的沉淀，吸附果酒中的悬浮颗粒，从而达到果酒澄清的目的。

2. 琼脂澄清法

琼脂与果酒中存在的蛋白质与单宁发生絮凝沉淀而除去酒液中的杂质。

3. 皂土澄清

皂土是黏土一类的天然矿产物质，化学成分是水合硅酸铝。皂土遇水显著膨胀，能吸收高达自身 10 倍重量的水，它的胶体混带有负电荷的性质使其具有巨大的吸附力。果酒中含有各种蛋白质，条件适宜时与蛋白质形成混浊和絮凝沉淀，这些大分子的蛋白质带有正电荷，很容易与带负电荷的皂土结合，形成沉淀而分离出去。

（七）陈　　酿

将澄清的菠萝渣果酒移入新的发酵罐中，于 20℃下陈酿 2 个月。刚发酵后的新酒，浑浊不清，味不醇和，辛辣、缺乏芳香，不适饮用，必须经过一段时间的窖藏，使不良物质消除或减少，同时生成新的芳香物质，酒质透明、醇和。此变化过程在酿造业称之为陈酿。陈酿期的变化主要有以下 2 个方面。

1. 酯化作用

果酒中醇类与酸类化合生成酯，如醋酸和乙醇化合生成清香型的醋酸乙酯、醋酸与戊醇化合生成果香型的醋酸戊酯。酯类物质是酒中一类重要的呈香物质，大部分中性酯是由酵母菌活动产生，也可以通过酯化反应产生，绝大多数酯类使果酒具有令人愉快的香气。

2. 氧化还原作用与沉淀作用

果酒中的单宁、色素等经氧化而沉淀，醋酸和醛类经氧化而减少，糖苷在酸性溶液中逐渐结晶下沉以及有机酸盐、果屑细小微粒等的下沉。因此经过陈酿可使果汁的苦涩味减少、酒汁进一步澄清。

三、影响菠萝皮渣酿酒的因素

（一）酿酒酵母种类及接种量

果酒酿造依赖于果酒酵母菌的发酵作用，酵母菌种对果酒的风味和品质有着重要影响，对果酒中有益物质的形成起着重要作用。在酿酒过程中只要发酵条件发生了变化，酵母菌发酵状况也随之发生变化。只有了解各种因素对酵母菌生长繁殖和发酵的影响，才有助于更好地控制最适宜的果酒发酵条件，进一步提高果酒品质。

在果酒生产中，首先应选择适合自己产品特点、性能良好的菌株，如残糖低、沉降性好、耐酒精或耐 SO_2 能力强等。目前，活性干酵母的应用在我国正逐渐得到推广，活性干酵母作为发酵剂，在使用时应注意的是，在投入果汁进行发酵之前，活性干酵母必须先经过活化，即在 35～40℃含糖 5% 的温水中加入 10% 的活性干酵母，混匀后静置，每隔 10 分钟轻轻搅拌一下，经 20 分钟之后直接加入果汁中进行发酵。据试验证实，接种量为果汁量的 2%～5% 时，发酵比较平稳，得到的原酒质量上乘（马丽娜 等，2017；姜永超 等，2018）。

酵母菌是单细胞真核微生物，在自然界中普遍存在，主要分布于含糖质较多的偏酸性环境中，如水果、蔬菜、花蜜和植物叶子上以及果园土壤中。酵母菌大多为腐生，生长最适温度为 25～30℃，工业上常用的酿酒酵母菌有以下几种。

1. 啤酒酵母

啤酒酵母（*Saccharomyces cerevisiae* Hansen）是酵母属中应用较为广泛的，在麦芽汁培养基上生长的啤酒酵母，其细胞为圆形、卵圆形或椭圆形。细胞单生、双生或成短串或成团。啤酒酵母能发酵葡萄糖、蔗糖、麦芽糖及半乳糖，不能发酵乳糖及蜜二糖。在氮源中能利用硫酸铵，不能利用硝酸钾。啤酒酵母多用于传统的发酵行业，如啤酒、白酒、果酒、酒精、药用酵母片以及制造面包等，所以又称为酿酒酵母。根据啤酒酵母细胞的形状，可把它们分为 3 类：第一类酵母的细胞多为圆形、卵圆形，主要供生产啤酒、白酒和酒精以及面包用。第二类酵母的细胞大多是卵形或长卵形，主要供生产葡萄酒、果酒用。第三类酵母的细胞为长圆形，这类酵母耐高渗透压，供发酵甘蔗糖蜜生产酒精用。

2. 葡萄汁酵母

葡萄汁酵母（*Saccharomyces uvarum*）在麦芽汁中 25℃培养 3 天，细胞为圆形、卵形、椭圆形或腊肠形。在麦芽汁琼脂培养基上菌落为乳白色、平滑、有光泽、边缘整齐。能产生子囊孢子，每个子囊内有 1～4 个孢子。孢子呈圆形或椭圆形，表面光滑。此菌发酵能力极强，在液体培养中常出现浑浊现象。葡萄汁酵母与酿酒酵母相似，主要的区别在于它能发酵棉籽糖和蜜二糖。葡萄汁酵母也能发酵葡萄糖、蔗糖、麦芽糖和半乳糖，但不能发酵乳糖。能利用硫酸铵，不能利用硝酸钾。葡萄汁酵母常用于啤酒酿造的底层发酵，也可食用、药用或作饲料。

（二）温　　度

温度是影响酵母生长、繁殖与发酵的主要环境因素。酵母只能在一定的温度范围内才能生长并起发酵作用。10℃以下酵母或其孢子一般不发芽或极缓慢地发芽，在10℃以上随着温度升高，发芽速度逐渐加快，以20℃为最适繁殖温度并能获得最多的细胞数。超过35℃时酵母繁殖受阻，到40℃时酵母停止发芽，温度对酵母发酵和生长的影响主要有2个方面。

在一定范围内发酵速度随温度的升高而加快，13℃以下酵母较难发酵，随着温度升高酵母生长发酵加快，活力随之增强。在20～35℃内，温度每提高1℃，单位时间内转化糖转为酒精的速度提高了10%，超过35℃以后，虽然发酵速度快，但酵母衰老也快，发酵停止时间也会提前。

酵母能够转化的糖量或能生成的酒精量也受温度的影响。如果酿酒酵母在最适培养温度（25～28℃）范围生长快，发酵速度也快，那么发酵停止得早，酵母衰老更快，产品酒度低，风味也欠佳。如果温度较低，虽然发酵速度慢，但酵母不易衰老，发酵持续时间越长，发酵越彻底，最终生成的酒精浓度也最高，口感更柔和。

（三）氧　　气

氧气是酵母生长繁殖和发酵的限制因素。在供氧充足的条件下，酵母消耗糖获得能量而生成大量的细胞。在无氧的条件下，酵母将糖发酵生成酒精和 CO_2。但厌氧发酵并不是绝对的不需要氧，微量的氧对酵母维持发酵的进行是必不可少的，若绝对无氧，细胞内存在的微量氧被耗尽时，酵母就会窒息死亡，发酵也会随之停止。

为了获得足够的强壮酵母细胞以保证发酵工作顺利进行，发酵初期应适当地通入无菌空气，注意控制有微量氧气存在，避免过度供氧。酵母过度的好氧繁殖将消耗糖降低酒精生成率，影响酒的风味。在发酵中后期，合理利用醪的循环输送、倒桶等操作，控制在有微量氧的厌氧发酵状态。在陈酿贮藏期间，须保证酒液不与空气接触。新酒必须添满酒桶密封贮存，或在酒液表面放一层高度酒精以隔离氧气。

（四）pH 值

在适宜微酸性环境下，酵母菌生长、繁殖和发酵都很迅速。较低的 pH 值可以保证添加的 SO_2 以较多的游离态存在，更好地起到抑制有害微生物的作用。但 pH 值太低，不但影响酵母发酵，还会促使风味物质乙酸酯的水解，生成挥发酸，影响果酒的口味。

在果酒生产中，为了抑制有害微生物的生长与繁殖，一般把 pH 值控制在 3.3 ～ 3.5。未经调整的果汁往往不能满足该 pH 值要求，因此需要进行调酸处理。

（五）糖

果汁中的糖是酵母菌生长繁殖的碳源。当糖浓度适宜时，酵母菌的繁殖和代谢速度都比较快，当糖浓度逐渐增加时，酵母菌的繁殖和代谢速度反而变慢，当浓度超过一定范围还会停止发酵。经观察，当果汁中的糖浓度在 1% ～ 2% 时，酵母的繁殖速度最快，而超过 5% 时葡萄糖产酒精率则开始下降。

为使果酒生成所需的酒精含量，在发酵前要进行糖度的调整，通常按 17 克糖生成 1%（V/V）酒精计算。为使酵母尽快起酵，在发酵前只加入应加糖量的 60% 的白砂糖比较适宜，当发酵至糖度下降到 8°Bx 左右再补加另外 40% 的白砂糖。调整后果汁含糖总量不得超过 25%，否则影响果酒发酵质量。

四、发酵酒生产设备

（一）鼓风式清洗机

清洗原理：用鼓风机把空气送进洗槽中，使清洗原料的水产生剧烈的翻动，空气对水的剧烈搅拌使湍急的水流冲刷物料表面将污物洗净。利用空气进行搅拌，既可加速将污物清洗掉，又能在强烈的翻动下保护原料的完整性。

清洗机结构如图 3–2 所示。

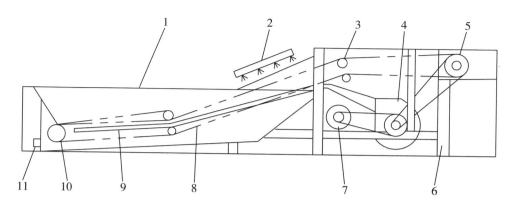

1—洗槽；2—喷淋管；3—改向压轮；4—鼓风机；5—输送机驱动滚筒；6—支架；7—电动机；
8—输送机网带；9—吹泡管；10—张紧滚筒；11—排污口

图3-2　鼓风清洗机结构示意

原料的清洗分为3个阶段，第1阶段为水平输送段，该段处于清洗槽之上，原料在该段上进行检查和挑选。第2阶段为水平浸洗输送段，该段处于清洗槽水面之下，用于浸洗原料，原料在此处被空气在水中搅动翻滚，洗去泥垢。第3阶段为倾斜输送段，原料在这段上接受清水的喷洗，从而达到工艺要求，污水由排水管排出。

（二）打浆机

工作原理：启动打浆机后，打浆板在转轴带动下在筛筒内旋转，物料进入筛筒后，由棍棒的回转作用和导程角的存在，使物料沿着圆筒向出口端移动，轨迹为一条螺旋线，物料在刮板和筛筒之间的移动过程中受离心力作用而被擦破。

打浆机结构如图3-3所示。

菠萝皮渣从进料斗进入筛筒，电动机通过传动系统，带动刮板转动，由于刮板转动和导程角的存在，使皮渣在刮板和筛筒之间，沿着筒壁向出口端移动，移动轨迹为一条螺旋线。菠萝皮渣在移动过程中由于受离心力作用，汁液和已成浆状的肉质从圆筒筛的孔眼中流出，在收集料斗的下端流入贮液桶。

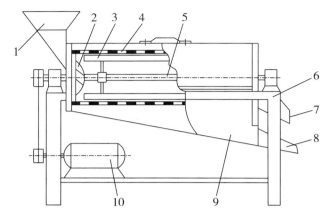

1—喂料斗；2—破碎盘；3—打浆板；4—圆筒筛；5—转动轴；6—机架；7—排渣口；

8—出浆口；9—储浆槽；10—电动机

图3-3　打浆机结构示意

（三）发酵罐

发酵罐是一种生物反应器，它可以为活细胞或酶提供适宜的反应环境，让它们进行细胞增殖或生产，为细菌的生长和繁殖提供适宜的生长环境，促进菌体生产人们需要的产物。发酵罐广泛应用于乳制品、饮料生物工程、制药、精线化工等行业，乳制品和酒类发酵罐的罐体上下填充头均采用旋压 R 角加工，罐内壁经镜面抛光处理，无卫生死角，罐体设有夹层、保温层，有加热、冷却、保温等功能。发酵罐安装的无菌呼吸气孔或者无菌正压发酵系统，可防止产品被空气中的微生物污染，维持发酵罐中存在的微生物能正常地呼吸和繁殖，保证产品的保质期和味道的纯正。罐体上设有米洛板或迷宫式夹套，可通入加热或冷却介质来进行循环加热或冷却。

工作原理：果酒发酵罐就像一个自然的绝缘体，将外界环境和内部完全隔离，创造了一个稳定的发酵环境，使酿酒酵母在没有温度波动的情况下自然地工作。发酵罐工作的原理是利用浸在发酵液中的转子迅速旋转，导致液体和空气在离心力的作用下向外边缘运动，慢慢会导致转子附近的压力越来越大。由于转子的空腔与大气相通，发酵罐外的空气通过过滤器不断被吸入，随即甩向叶轮外缘，再通过异向叶轮使气液均匀分布甩出。转子的搅拌，又使气液在叶轮周围形成强烈的混合流，空气泡被粉碎，气液充分混合。

发酵罐结构如图 3-4 所示。

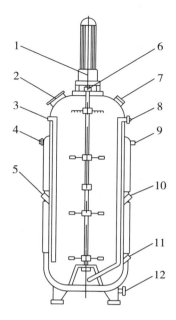

1—电动机；2—入孔；3—取样口；4—冷却水出口；5—温度计口；6—传动部件；7—视镜；
8—排料口；9—仪表口；10—热电偶；11—pH 计；12—冷却水进口

图 3-4　发酵罐结构示意

在正式将菠萝匀浆液注入发酵罐之前，发酵罐先进行空消以除去罐内存在的其他微生物。将经过糖、酸调节的菠萝匀浆液注入发酵罐内，调节发酵罐温度进行杀菌处理，待温度下降后加入活化的酿酒酵母，打开搅拌使酵母与发酵醪相互混合均匀。对发酵温度进行监控，控制发酵温度在 20 ～ 24℃，每隔 4 ～ 6 小时测定比重。

（四）硅藻土过滤机

工作原理：滤液在泵压力作用下，通过预涂层而进入收集腔内，颗粒及高分子被截流在预涂层，进入收集腔内的澄清液体，通过中心轴，流出容器。硅藻土过滤机占地面积小，轻巧灵活，移动方便，使用性能稳定，清洗方便。过滤后的物料风味不变，无悬浮物和沉淀物，液汁澄清透明，滤清度高，液体损失少。

硅藻土过滤机结构如图 3-5 所示。

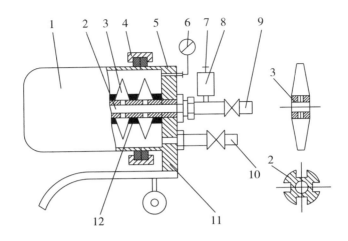

1—壳体；2—空心轴；3—过滤网盘；4—卡箍；5、7—排气阀；6—压力表；8—玻璃视筒；
9—滤液出口；10—原液出口；11—支座；12—密封胶圈

图 3-5　硅藻土过滤机结构示意

硅藻土过滤机壳体与支座用卡箍相连，两者间有密封圈，拆卸清洗方便。过滤网盘用不锈钢薄板冲孔后焊成形似铁饼的空心结构，外包裹滤网布。网盘和橡胶圈相间排列套在空心轴上，并用螺母紧压密封。空心轴一端与支座固定并与滤液出口连通。过滤网盘的数量由所需的生产能力而定，数量多，则过滤面积大，生产能力高。该机工作前要先在滤网上预涂一层硅藻土预涂层。硅藻土涂层在滤网上形成后，杂质便被截留，滤液从微细孔道经过达到过滤的目的。

第二节　菠萝加工副产物发酵果醋

一、果醋生产原理

在果醋生产过程中，先在果汁中加入酵母菌进行酒精发酵，其后加入醋酸菌进一步进行醋酸发酵，醋酸菌是一种好氧细菌，当氧气充足时才进行正常的生理活动（符桢华，2010）。醋酸菌对氧气的含量特别敏感，当进行深层发酵时，即使只是短时间中断氧气的通入，也会引起醋酸菌死亡。当能源都充足时，醋酸菌将葡萄汁中的糖分解成醋酸；当缺少糖源时，醋酸菌将乙醇变为乙醛，再将乙醛变为醋酸。醋酸菌的最适生长温度为 30～35℃。

当氧气和糖源充足时，反应式为 $C_6H_{12}O_6 + 2O_2 \rightarrow 2CH_3COOH + 2CO_2 + 2H_2O$。

当糖源不足时，反应式为 $CH_2OH + O_2 \rightarrow CH_3COOH + H_2O$。

二、菠萝皮渣制醋工艺

菠萝皮渣酿造果醋流程如图 3-6 所示。

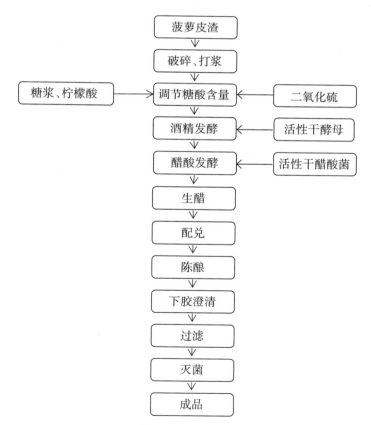

图 3-6　菠萝皮渣酿造果醋工艺流程

（一）原料的处理

将菠萝经加工后的废弃物按照不同类别分别收集，将可利用的菠萝皮渣置于洗涤池中，分别用 2% 的食盐水和清水进行浸泡和清洗，经过清洗后将皮渣由传送带送入匀浆机中，同时使用管路系统运输配制的糖水，使糖水占皮渣总重量 8%，混匀后启动匀浆机打浆。

（二）调节糖酸含量

在生产中，把糖溶于水中后的溶液一般称为原糖浆。糖浆在配制的过程中必须用质量良好的砂糖溶解于一定量的水中，制成预计浓度的糖液，再经过过滤、澄清后备用。所用的水须为经过合乎瓶装要求的水，糖浓度的测定可使用糖度计、密度计或折光计。根据发酵所需要的糖度用原糖浆来调整糖度。

为使果醋的发酵顺利进行须对果浆中的酸度进行调节，保证每升果浆含酸量达到 8 ～ 10 克，pH 值维持在 3.5 左右，酸度的调节可使用 50% 的柠檬酸溶液进行调整，或将柠檬酸用温水溶解并过滤后使用。

（三）添加二氧化硫杀菌

加工后的菠萝汁本身呈酸性，具有一定的抑菌作用，再经过糖酸调节后能再次使抑菌的效果增强，但为避免加工过程中遭受污染，可采用向菠萝皮渣中加入二氧化硫的方式进行杀菌。二氧化硫为无色透明气体，有刺激性臭味。溶于水、乙醇和乙醚。液态二氧化硫比较稳定，不活泼。二氧化硫与水作用生成亚硫酸，亚硫酸能夺取菌体细胞中的氧，菌体细胞因脱氧至死，从而起到杀菌的作用。

二氧化硫在酿造过程中的作用如下。

（1）二氧化硫具有杀菌作用。在一定浓度二氧化硫的条件下，细菌往往被杀死或者被抑制生长，但是酿酒酵母由于其较强的二氧化硫耐受力，则可以正常繁殖。因此在发酵过程中，二氧化硫可以起到筛选的作用，帮助酿酒酵母成为发酵优势菌种。

（2）二氧化硫有显著的抗氧化作用，保护果汁风味成分和色素。只要有氧气，二氧化硫就会优先与其反应，因此保护了菠萝汁中新鲜的果香和鲜亮的色素。不仅如此，二氧化硫还能够抑制一些氧化酶的作用，从而防止原料中的一些物质参与氧化反应。

（3）二氧化硫可促进风味成分进入果汁中。二氧化硫创造了酸性环境，其溶于水生成的溶液呈酸性，帮助菠萝细胞溶解，促进其中的色素、风味物质和多酚成分进入果汁中。

（四）酒精发酵

在无氧条件下，酵母菌通过糖酵解途径将葡萄糖转化为丙酮酸，丙酮酸进一步脱羧形成乙醛，乙醛最终被还原成乙醇。酵母菌是一种肉眼看不见的微小单细胞真菌，易生长，在空气、土壤、水、动植物体内都存在酵母菌。有氧和无氧条件下都能生存。

酒精发酵的总体化学式为：

$$C_6H_{12}O_6（葡萄糖）+enzyme（酶）\rightarrow 2C_2H_5OH+2CO_2$$

将菠萝匀浆转入至发酵罐中，加入活化的活性干酵母，活性干酵母的量按原料的 0.05% 计，酵母加入前先用果汁浸泡活化 1 小时左右。

（五）醋酸发酵

在酵母菌酒精发酵产生酒精结束后，向罐中以原料 0.05% 的比例继续加入活性醋酸菌，加入前先用果酒液浸泡活化 1 小时左右。在醋酸菌的作用下将酒精发酵产生的乙醇氧化成醋酸。醋酸菌是一种细胞呈椭圆至杆状的革兰氏阴性好氧菌，生长繁殖的适宜温度为 28～33℃。醋酸菌不耐热，在 60℃下经 10 分钟即死亡。醋酸菌生长的最适 pH 值为 3.5～6.5，在含有较高浓度乙醇和醋酸的环境中，醋酸杆菌对缺氧非常敏感，中断供氧会造成菌体死亡。醋酸菌不仅可以氧化酒精生成醋酸，还可以氧化其他醇类和醛类生成相应的酸、酮等产物，可增加果醋的风味。醋酸菌对食盐的耐受力很差，当食盐浓度超过 1.0%～1.5% 时就停止活动。因此，在生产中当醋酸发酵完毕时添加食盐能有效终止发酵，同时也调节了果醋滋味。

（六）陈　　酿

刚生产出来的果醋，含有比较多的杂质，口味酸寡、酸味刺鼻、果香气差，还只是半成品，一般都需要经过贮存一定时间，让其自然老熟。密封陈酿可改进果醋风味，减少新醋的刺激性，使醋的口感更加柔和，陈酿时，醋液要装满罐。陈酿时间 1 个月左右。这种改善新酿造产品风味的方法在酿造行业里称为"老熟"或"陈酿"（尚云青，2013）。

陈酿过程中果醋发生的变化如下。

1. 色泽变化

美拉德反应是胺类（通常来源于蛋白质和羰基化合物）和糖类化合物（尤其是葡萄糖、果糖、麦芽糖、乳糖）之间发生的一种复杂的反应过程。美拉德反应在剧烈加热和温和加热条件下均能发生，其反应条件和反应原料影响产物的形成、种类及结构。美拉德反应可产生类黑色素等物质，使果醋色泽加深。

2. 风味变化

氧化反应：酒精氧化生成乙酸 $C_2H_5OH \xrightarrow{enzyme（酶）} CH_3COOH + H_2O$

酯化反应：果醋中含有多种有机酸，与醇反应后可生成各种酯。果醋的陈酿时间越长，形成酯的量也越多。

（七）下胶澄清

下胶是人工加入能促进胶体物质沉淀的物质，引起果醋中单宁、蛋白质、多糖等物质发生絮凝，可以让果醋变得澄清并易于过滤。常用的下胶材料有鱼胶、明胶、蛋清、白蛋白、牛奶、酪蛋白等。下胶材料的选择可根据菠萝皮渣发酵后的混浊程度来判断，并选用合适的浓度。

（八）过　　滤

经过下胶后醋液中的大分子物质发生絮凝，但仍存在于果醋中，若不除去将会影响果醋的品质。澄清后的醋液通过压滤机过滤成为澄清的果醋。

（九）灭　　菌

将处理好的果醋加热至 75 ～ 80℃保持 10 分钟进行杀菌处理。

食品加工生产过程中常见的灭菌方法有化学试剂灭菌、射线灭菌、加热灭菌和过滤除菌。

1. 化学试剂灭菌

许多化学试剂自身带有的活性化学基团与微生物接触后发生化学反应导致微生物功能性结构损坏，使其丧失生命活动，从而达到杀灭微生物的目的。

2. 射线灭菌

利用辐射产生的能量进行杀菌的方法称为辐射灭菌。辐射可分为电离辐射和非电离辐射 2 种，α 射线、β 射线、γ 射线、X 射线、中子和质子、微波等属电离辐射，紫外线、臭氧、日光为非电离辐射，以下举例分别说明。

（1）微波灭菌。由于微生物的细胞中都含有 70% ～ 90% 的水分，水分子在微波电场中被极化，并随着电场方向的改变而转动，在转动过程中分子之间高速度摩擦产生热能，这种热能不同于外部加热，可在短时间里使细胞爆破而物体本身的温度却只有极微增加，从而达到灭菌效果。

（2）紫外线灭菌。紫外线杀菌的原理是利用紫外线的辐射作用。用紫外线直接照射细菌使其发生光化学反应，将细菌细胞质诱导形成胸腺嘧啶二聚体，从而抑制 DNA 的复制而发生变性、致死。

3. 加热灭菌

当高温作用于微生物时，首先引起细胞内生理生化反应速率加快，机体内对温度敏感的物质如蛋白质、核酸等，随着温度的增高而遭受不可逆的破坏，进而导致细胞内原生质体的变化、酶结构的破坏，从而使细胞失去生活机能上的协调，停止生长发育。随着高温的继续作用，细胞内原生质便发生凝固，酶结构完全破坏，活动消失，生化反应停止，渗透交换等新陈代谢活动消失，细胞死亡。

4. 过滤除菌

设计一种滤孔比细菌还小的筛子，做成各种过滤器，通过机械过滤，只让液体培养基或空气从筛孔流出，各种微生物菌体则留在筛子上，从而达到除菌的目的。

三、果醋生产设备

（一）夹层锅

预煮的目的是破坏原料中的多酚氧化酶，保持原料在加工过程中不变颜色，排除原料中部分水分，减少原料的体积，使原料具有柔软性；破坏原料的原生质，在榨汁时提高出汁率；杀灭污染在原料上的部分微生物，提高原料在加工过程中的新鲜程度。

夹层锅常用于物料的热烫、预煮、浓缩等，其结构简单，使用方便，是定型的压力容器。按其操作方式可分为固定式和可倾式，固定式夹层锅（图3-7）是把锅体直接固接在支架上，若熬煮液态物料时，通过锅底出料管出料更为方便。在用泵输送物料至下一工序时，一般不用倾覆装置。倾覆装置包括一对具有手轮的蜗轮蜗杆，蜗轮与轴颈固接，轴颈与锅体固接，当摇动手轮时可将锅体倾倒和复原。

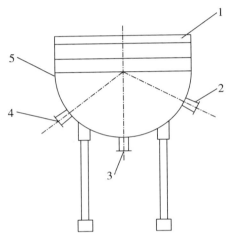

1—锅体；2—进气管；3—出料口；4—冷凝水出口；5—锅外胆

图3-7　固定式夹层锅结构示意

夹层锅使用时注意事项如下。

（1）使用蒸汽压力时，不得长时间超过定额工作压力。

（2）进汽时应缓慢开启进气阀，直到达到所需压力为止。

（3）对安全阀，可根据自己使用蒸汽的压力自行调整。

（4）蒸汽锅在使用过程中，应经常注意蒸汽压力的变化，用进气阀适时调整。

（5）停止进气后，应将锅底的直嘴旋塞开启，放完余水。

（二）高压均质机

高压均质机主要由高压均质腔和增压机构构成，如图3-8所示。高压均质腔的内部具有特别设计的几何形状，在增压机构的作用下，高压溶液快速地通过均质腔，物料会同时受到高速剪切、高频振荡、空穴现象和对流撞击等机械力作用和相应的热效应，由此引发的机械力及化学效应可诱导物料大分子的物理、化学及结构性质发生变化，最终达到均质的效果。

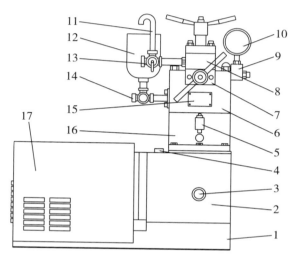

1—底板；2—曲轴箱；3—油镜；4—加油口；5—油杯；6—泵体；7——级均质；8—二级均质；
9—压力表座；10—压力表；11—出料管；12—料门；13—出料阀；14—堆料阀；15—标牌；
16—导向座；17—电动机及电动机罩

图 3-8　高压均质机结构示意

均质工序可放在杀菌之前，也可以放在杀菌之后。2 种方法各有利弊，均质放在杀菌前，则杀菌过程能在某种程度上破坏均质效果，减少了杀菌后的污染机会，贮存的安全性较高。若将均质放在杀菌之后，则增加污染的机会。菠萝皮渣经过均质后，颗粒已相当均一化和微粒化，菠萝皮渣中的营养物质浸出更彻底。

（三）刮板过滤机

刮板过滤机（图 3-9）通过旋转的刮板与不动的过滤网之间的相对运动，把鲜果汁中较粗的杂物除去，得到精滤的鲜果汁。刮板由紧固螺钉固定在中心轴上，并随中心轴一起旋转，刮板与圆筒滤网之间有一个间隙，这个间隙可用刮板与支杆间的螺栓调节。刮板与滤网中轴线成一定的夹角,以便将渣核等排出。工作时,将经破碎或榨汁后的物料,由壳体侧面半圆形的进料口送入过滤器内。在旋转刮板的作用下,物料紧贴在滤网的内表面,并使物料中的汁液及小于滤网孔径的果肉通过网孔流入集汁槽中,然后经出汁管流出。粗渣和核等通过刮板旋转推送到出闸口,排出机外。每次过滤前,应根据产品的要求更换不同孔径的滤网,同时根据工艺要求调整刮板与滤网间的间隙及刮板扭转角度,以获得产品要求的过滤程度。

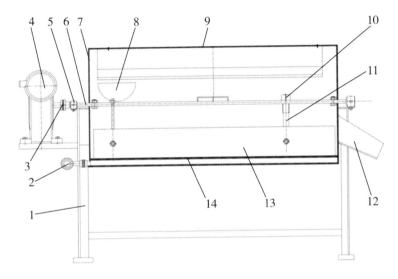

1—机架;2—出汁管;3—联轴器;4—电动机及减速器;5—轴承座;6—中心轴;
7—壳体;8—进料口;9—罩壳;10—紧固螺钉;11—支杆;12—出渣斗;
13—刮板;14—滤网

图3-9 刮板过滤机结构示意

第三节 菠萝加工副产物制备食品添加剂

一、果胶利用研究

果胶是从植物组织中提取的一类天然多糖类高分子化合物,呈浅白色或浅黄色的粉末状，是可溶性膳食纤维的主要成分，存在于高等植物的根、茎、叶的细胞壁中。果皮和果渣等农副产品废弃物中富含果胶类物质，主要成分为半乳糖醛酸。果胶具有抑制肿瘤、降血糖、降血脂、吸附重金属、抑制微生物生长、抑制炎症反应等生物活性，在医药领域应用广泛。同时果胶具有较好的增稠、乳化等作用，可作为天然的食品添加剂，被广泛应用于食品工业中（冯静 等，2011）。

目前，我国果胶生产还处于开发阶段，国内市场上果胶产品以进口为主。采用菠萝加工后剩下的大量皮、渣等废弃物为原料提取果胶，优化果胶生产工艺，提高果胶产品质量，降低果胶生产成本。果胶提取的方法有酸提取法、草酸铵提取法、酶提取法、微波辅助提取法、超声波辅助提取法、微生物提取法等。酸法提取是果胶提取最常用的方法之一（杭瑜瑜 等，2016），常用的提取剂除盐酸等无机酸外，还可采用柠檬酸、酒石酸等有机酸（冯银霞，2015；姚春波 等，2013）。

（一）酸法提取菠萝皮渣果胶工艺（图3-10）

1.清洗、煮沸

将鲜菠萝皮渣放入清水池中冲洗，洗去所附杂质，然后将菠萝皮放入

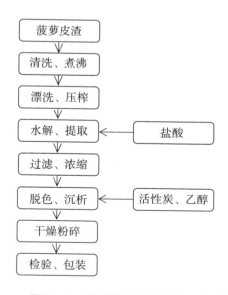

图3-10 酸法提取菠萝皮渣果胶工艺

蒸煮锅中，加适量水煮沸 10 分钟左右，以除去原料中天然存在的果胶酶，防止果胶分解。

2. 漂洗、压榨

将煮过的菠萝皮用冷水漂洗至无色放入压榨机中进行压榨，要求尽可能地榨干，目的是除去植物组织细胞内的水分，因为这些水分中含有水溶性色素、苦味物质和糖分等，它们的存在会影响果胶的提取和果胶的纯度。

3. 水解、提取

采用酸法提取果胶可用的酸有盐酸、硫酸、磷酸、柠檬酸等，选用盐酸进行水解，将压榨机榨干的原料传送至耐酸碱的容器内，加入原料量 2 倍左右的软化水，用盐酸调节水解液的 pH 值为 1.5 ～ 2.5，加热至 70 ～ 80℃，30 分钟后升温至 95 ～ 96℃，保持温度 60 ～ 90 分钟。水解液的 pH 值应严格控制在 1.5 ～ 2.0，酸碱度的变动不利于果胶的提取。另外水解温度和时间也应控制好，因为果胶为热敏性物质，萃取温度过高，会使果胶解聚，降低其凝胶强度，造成品级下降，尤其要避免高酸高温长时间水解。

4. 过滤、浓缩

将水解完成的菠萝皮渣液经管路输送至板框压滤机内进行过滤，将滤液置于真空浓缩设备中进行浓缩，控制温度为 50 ～ 60℃，滤液浓缩至原液的 4 ～ 5 倍即可。

5. 脱色、沉析

在浓缩液中加入 0.3% ～ 0.5% 的活性炭，于 80℃保温 30 分钟进行脱色然后过滤，待滤液温度降至室温后，一边搅拌一边加入 95% 的乙醇，果胶会呈絮凝状沉淀析出。乙醇加入量以最终浓度 50% ～ 55% 为宜，静置 30 分钟过滤沉淀物用 95% 乙醇分别洗涤 2 次，然后送入压滤机中压榨过滤获得果胶液体中的乙醇可以回收再利用。

6. 干燥、粉碎

将经过压榨得到的滤饼打散，铺成薄层在温度为 39 ～ 40℃、压强在 650 ～ 680 毫米汞柱状态下干燥，直到含水量达到要求为止后冷却。

7.检验、包装

略。

（二）影响酸提法果胶提取率的主要因素

1.浸提时间

有研究表明，果胶提取时间在 30 ～ 90 分钟，它的提取率呈上升趋势，当浸提时间为 90 分钟时，果胶的提取率达到最大值；但 90 分钟以后，随着时间的不断增加，果胶的提取率逐渐趋于平稳而且有下降的趋势。浸提时间短，果胶提取分离不完全，浸提时间长，体系长时间处于高温下，分离出的果胶又被高温分解，导致果胶的提取率下降。因此，果胶提取时应选择合适的浸提时间。

2.浸提温度

在一定温度范围内，果胶提取率随着温度升高而提高，当提取温度高于 80℃时，果胶提取率趋于稳定。提取温度过低，果胶水解不完全；温度过高，会使果胶解聚，降低其凝胶程度，影响成品的质量，使提取率降低。

3.浸提液 pH 值

pH 值过高和过低，果胶提取率都不高。pH 值过低会很快引起果胶的分解而造成果胶提取率降低，水解过程强烈，降低果胶的凝胶度；pH 值过高，水解时间加长，果胶不稳定，易水解成果胶酸。pH 值过高果胶的色泽会加深，影响果胶品质。

4.料液比

随着浸提液料液比的增大，果胶的提取率呈先升高再降低的趋势。当料液比为 1∶20 时，果胶的提取率最高料液比低，体系中加水量少，物料黏度大，提取的果胶扩散速度慢，且难以保证物料中的果胶质全部转移到提取液中，提取不完全，提取液的量少，给抽滤造成困难。料液比大，溶剂量多，提取液多，会给浓缩和醇沉造成困难，醇沉时使用乙醇的量增加，从而造成过多的浪费。

二、纤维素利用研究

膳食纤维是指不易被人体胃肠道消化酶消化的、以多糖类为主大分子物质的总称，是由纤维素、果胶类物质、半纤维素和糖蛋白等物质组成的聚合体。膳食纤维依据溶解性分为 2 个基本类型：可溶性纤维（Soluble Dietary Fiber，SDF）与不可溶性纤维（Insoluble Dietary Fiber，IDF）。可溶性膳食纤维不仅具有较好的物化性质，而且还具有降低血浆胆固醇、改善血糖生成反应，控制体重、预防便秘和结肠癌等多种生理功能，现已成为健康饮食中不可缺少的成分，有"第七营养素"的美誉（姜永超，2019）。膳食纤维的主要原料来源为豆渣、苹果渣、甘蔗渣、麦麸等。我国的菠萝种植范围广，年产量大，菠萝加工行业产生大量的果皮渣，菠萝皮渣中含有丰富的膳食纤维，从中提取膳食纤维既保护环境又节约资源。有关膳食纤维的提取方法主要有碱法、酸法、发酵法、酶法等，碱法因其方法简单、提取率高（戴余军，2014；郭艳峰 等，2019）。

（一）碱法提取菠萝皮渣膳食纤维工艺

碱法提取菠萝皮渣膳食纤维工艺流程如图 3-11 所示。

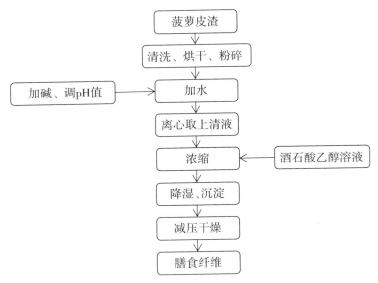

图 3-11 碱法提取菠萝皮渣膳食纤维工艺流程

1. 加碱提取

经粉碎的菠萝皮粉加一定量的去离子水，搅拌均匀后用 1 摩尔 / 升的 NaOH（氢氧化钠）溶液调节 pH 值至 12.0，在 70℃的温度下浸提 80 分钟，使得菠萝皮渣中的可溶性膳食纤维能最大限度地溶于溶液中。

2. 离心取上清液

设定离心速度为 5 000 转 / 分，离心 20 分钟，上清液中富含可溶性膳食纤维，不溶性膳食纤维则存在于残渣中，用去离子水反复洗涤残渣至中性（pH 值为 7.0）。

3. 浓缩醇沉

向浓缩的上清液中加入 4 倍体积 5% 的酒石酸乙醇溶液（酒石酸占 95% 乙醇体积的 5%），搅拌均匀后静置 6 小时。

4. 减压烘干

将沉淀物置于烘箱内减压低温 60℃烘干至恒重，即得到可溶性膳食纤维。

（二）影响碱法提取膳食纤维因素

1. 料液比

在一定的料液比范围内，SDF 提取率随着料液比的降低而增加，在料液比处于（1∶35）～（1∶20）时，可溶性膳食纤维的提取率较高。当料液比增加时，会由于物料黏度大、过滤困难残留增多等，造成膳食纤维提取不完全、提取率较低的结果（杭瑜瑜 等，2017）。

2. 浸提温度

温度在 30 ～ 50℃，随着温度的升高，可溶性膳食纤维提取率增加，随着温度的进一步升高，分子热运动加快，可溶性膳食纤维溶出速度加快，提取率快速增加。当温度升高到 70℃时，菠萝皮渣提取率最高。当温度高于 70℃时，由于温度过高，导致可溶性膳食纤维中部分成分降解，提取率会降低。

3. 浸提液 pH 值

浸提液的 pH 值在 8.0 ～ 10.0 时，pH 值的增加对菠萝皮渣中可溶性膳食纤维提取率影响不大。随着浸提液 pH 值的进一步提高，菠萝皮渣中膳食纤维提取率迅速增加，当 pH 值达到 12.0 时，可溶性膳食纤维提取率达到最高。

4. 浸提时间

菠萝皮渣中的可溶性膳食纤维提取率随着浸提时间增加，呈先增加后降低的趋势。当浸提时间为 75 ~ 105 分钟时，可溶性膳食纤维提取率较高，当浸提时间增加至 120 分钟时，可溶性膳食纤维提取率逐渐降低，可能是由于长时间的浸泡，破坏了膳食纤维的结构，从而造成沉降不完全或无法沉降，使提取率减少。

三、菠萝蛋白酶利用研究

菠萝蛋白酶是从凤梨属植物菠萝中提取的一组复合的半胱氨酸巯基蛋白水解酶，也称凤梨酶或凤梨酵素，是可用于临床治疗的植物提取物和天然产品（马超，2009）。菠萝蛋白酶属于糖蛋白，是由巯基蛋白酶和非蛋白酶组分构成的复杂复合物，蛋白酶构成了菠萝蛋白酶的主要成分，根据分离提取的部位不同而分为茎酶和果酶，其中茎酶占 80%、果酶占 10%。磷酸酶、葡萄糖苷酶、过氧化物酶、纤维素酶、糖蛋白和碳水化合物等构成了其非蛋白酶组分。从菠萝果肉中提取的酶称为果酶。果酶在果汁中占 50% ~ 70%，具有较高的含糖量，果酶的 N- 末端氨基酸一共有 5 种，主要以丙氨酸为主，还含有缬氨酸、丝氨酸、甘氨酸和谷氨酸。从果皮和菠萝茎中提取的酶被称为茎酶，茎酶具有较少的含糖量，其糖组分是通过 N- 糖苷键与酶分子的天门冬酰胺残基共价连接，这是茎酶区别于其他植物蛋白酶所独有的结构。

菠萝蛋白酶具有抗水肿、抗炎、抗血栓、免疫调节和抗肿瘤转移等功能，在食品、医药、皮革工业中的应用已经相当广泛（陈攀 等，2015）。在菠萝蛋白酶分子中，对其催化活性起关键作用的必需基团是巯基、氨基、色氨酸残基及组氨酸残基。羧基、羟基和糖分子基团对酶活的影响不是很大，因含有一个不稳定的游离巯基，所以菠萝蛋白酶极易被氧化而使其酶活下降。菠萝蛋白酶提取方法有离子交换色谱层析法、固定化金属离子亲和色谱法、超滤法、沉淀法等，沉淀法常用的有盐析法、有机溶剂沉淀法、聚乙二醇沉淀法等电点沉淀法等（董瑞兰，2010）。

（一）超滤法提取菠萝蛋白酶工艺

超滤法提取菠萝蛋白酶工艺流程如图 3-12 所示。

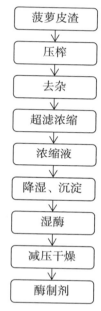

图 3-12　超滤法提取菠萝蛋白酶工艺流程

（二）影响菠萝蛋白酶稳定性的因素

1. 温　　度

菠萝蛋白酶的最适温度范围比较稳定，无论对游离酶还是酶的复合物，其温度范围都相差不大。对于菠萝蛋白酶单宁提取物，其最适反应为 55 ～ 60℃，菠萝蛋白酶的最稳定温度为 55 ～ 65℃，其中茎酶的最适温度比果酶稍高，菠萝蛋白酶与茶多酚结合后在 60℃反应温度是最适合的。

2. pH 值

菠萝蛋白酶的最适 pH 值在 7.1 左右，呈中性，与茶多酚结合后的菠萝蛋白酶的最适 pH 值在 6.5 ～ 8.5。动力学研究表明，在温度为 35℃、pH 值为 7.2 的反应条件下，测得果酶的最适 pH 值为 7.0 ～ 9.0。在较低的蛋白浓度下，8.0 ～ 8.5 的 pH 值条件能使热处理失活的菠萝蛋白酶恢复原有活性的 44%。

3. 金属离子

金属盐离子中 NaCl（氯化钠）、KCl（氯化钾）对酶活的影响不是很大，较高浓度的 $MgCl_2$（氯化镁）、$CaCl_2$（氯化钙）对菠萝蛋白酶单宁复合物有一定程度的抑制作用，尤其在浓度较高的情况下对菠萝蛋白游离酶酶活的影响更大。金属离子对菠萝蛋白酶酶活的保护机理目前尚不太清楚，可能的解释有金属离子与酶活性中心不稳定的基团结合，使其结构更加稳定，不容易被破坏。也可能因为带电荷的金属离子使微环境中电荷重新分布，促使酶趋于更稳定的状态。

4. 其他因素

维生素 C、半胱氨酸、硫代硫酸钠、2- 巯基乙醇是菠萝蛋白酶的稳定剂，都能使酶分子中巯基基团维持还原态，能够作为还原剂来提高酶活力。硫代硫酸钠对酶的稳定性仅有微弱的提高，但适当浓度的 2- 巯基乙醇却能使酶的活性有较大幅度的提高。0.05% 的苯甲酸钠即能使氧化脱氢酶的活性得到抑制，对酶起到保护作用。对酶活有影响的金属离子，EDTA（乙二胺四乙酸）能通过螯合而保护菠萝蛋白酶，消除其对酶的失活作用。0.1% 的 β- 环糊精也可以使菠萝蛋白酶的稳定性有所提高。超声作用不改变果酶构型，但改变构象。较低浓度的糖类对菠萝蛋白酶酶活的影响并不大，但高浓度的糖类物质却为酶创造了较为稳定的环境，便于酶活的保存。葡聚糖和肌醇则对菠萝蛋白酶没有保护作用。有机溶剂中甲醇、乙醇、乙二醇对酶活损失较大，浓度达到 50% 时就能使酶活丧失。

（三）菠萝蛋白酶的加工应用

1. 菠萝蛋白酶在食品加工业的应用

（1）面制品：将菠萝蛋白酶加入生面团中，可使面筋蛋白降解，生面团被软化后易于加工，并能提高饼干与面包的口感与品质。

（2）干酪：用于干酪素的凝结。

（3）肉类的嫩化：菠萝蛋白酶将肉类蛋白质的大分子蛋白质水解为易吸

收的小分子氨基酸和蛋白质。可广泛地应用于肉制品的精加工。

2. 菠萝蛋白酶在医药、保健品业的应用

（1）抗炎作用：菠萝蛋白酶在各种组织中能有效地治疗炎症和水肿（包括血栓静脉炎、骨骼肌损伤、血肿、口腔炎、糖尿病人溃疡及运动损伤），菠萝蛋白酶具有激活炎症反应的潜力。其抗炎作用机制包括白细胞迁移和激活的改变，在细胞黏附和激活中，菠萝蛋白酶改变了细胞表面分子的白细胞表达，还通过降低中性粒细胞向炎症位点的迁移，从而减少炎症反应。

（2）免疫调节作用：菠萝蛋白酶可以调节体内外淋巴细胞的免疫应答反应，具有调节免疫应答的能力是许多疫苗和免疫治疗过程期望的目的。

（3）防治胃肠炎和消化不良疾病：菠萝蛋白酶是植物蛋白酶活性抗原，可以通过多次反复接触刺激口腔系统和黏膜的免疫反应。菠萝蛋白酶不会在人体内降解而损失其生物活性。菠萝蛋白酶的使用可以改善蛋白质的利用，增加白蛋白浓度和淋巴细胞，使营养状况得到改善。

（4）防治心血管疾病：菠萝蛋白酶能抑制血小板聚集引起的心脏病发作和脑卒中，缓解心绞痛症状，缓和动脉收缩，加速纤维蛋白原的分解。

（5）增进药物吸收：将菠萝蛋白酶与各种抗生素（如四环素、阿莫西林等）联用，能提高其疗效。相关研究表明，它能促进抗生素在感染部位的传输，从而减少抗生素的用药量。据推断，对于抗癌药物，也有类似的作用。此外，菠萝蛋白酶能促进营养物质的吸收。

3. 菠萝蛋白酶在美容化妆品业中的应用

菠萝蛋白酶具有嫩肤、美白祛斑的优异功效。菠萝蛋白酶可作用于人体皮肤上的老化角质层，促使其退化、分解、去除，促进皮肤新陈代谢，减少因日晒引起的皮肤色深现象，使皮肤保养呈现良好白嫩状态。

4. 菠萝蛋白酶制剂在饲料中的应用

将菠萝蛋白酶加入饲料配方或直接混合在饲料中，可以大大提高蛋白质的利用率和转化率，并能开发更广的蛋白源，从而降低饲料成本。

第四章

菠萝加工副产物饲料化利用

第一节　菠萝加工副产物饲料加工特性

菠萝皮渣富含各种营养成分，营养价值较高，但菠萝皮渣中含有一种叫做菠萝朊酶的过敏性物质，如果直接食用，会对禽畜的口腔黏膜和嘴唇的幼嫩表皮产生刺激。此外，菠萝皮渣中粗纤维高达 28%，蛋白质含量相对较低，因此不宜在禽畜日粮中大量使用。研究发现，有益微生物能有效地作用于菠萝渣中的有机物，降解菠萝朊酶等大分子物质，消除多种抗营养因子的不良作用，通过混合发酵后的菠萝皮渣饲料粗蛋白含量明显提高，产品气味芳香，适口性大为改善，可作为动物养殖的饲料。

中国热带农业科学院研究人员以新鲜菠萝皮渣 45%、麸皮 40%、干酒糟 14%、尿素 0.3% 和硫酸铵 0.2% 的比例混合，按照 0.5% 比例添加含有植物乳杆菌、枯草芽孢杆菌、地衣芽孢杆菌和酿酒酵母组成的复合菌种进行厌氧发酵。结果表明，发酵后，发酵香气浓郁，乳酸含量和氨基酸总量显著提高，是一种优质的高蛋白饲料（龚霄 等，2016）。

广东海洋大学研究人员对配比为麸皮 20%、硫酸铵 3%、尿素 2%，料水比 1：1，自然 pH 值的混合物料在 30℃环境下采用绿色木霉和产朊假丝酵母混菌发酵 5 天，发酵后的饲料粗蛋白含量提高到 17.03%，产品气味芳香，饲料营养价值和禽畜适口性都有较大提高（钟灿桦 等，2007）。

第二节　菠萝加工副产物饲料生产工艺及设备

一、菠萝加工副产物饲料生产工艺流程简介

菠萝皮渣加工工艺是指从菠萝皮渣原料的接收到饲料成品出厂的全部过程。一个完整的菠萝皮渣饲料加工工艺包括原料的接收、粉碎、计量配料、

混合、接种、发酵、干燥、制粒、冷却和包装等（王凤欣，2005）。

菠萝皮渣饲料生产工艺流程如图 4-1 所示。

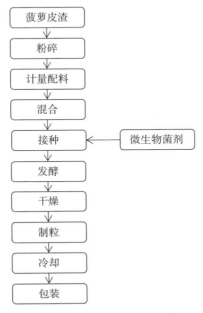

图 4-1　菠萝皮渣饲料生产工艺流程

二、菠萝加工副产物饲料生产工艺与设备

（一）原料接收工艺与设备

原料接收是饲料厂生产的第一道工序，也是保证生产连续性和产品质量的重要工序。应根据原料的物料特性，选择合适的接收方式。对于菠萝皮渣，可采用汽车散装，原料进入饲料加工厂后经地中衡称重后，卸入下料坑，然后利用输送设备将原料输送至粉碎仓（饶应昌，2011）。由于菠萝含水量较高，易变质腐败，因此应保证原料接收后能得到及时处理，这就要求后道工序设备的处理能力要大于前道工序处理能力的 10% ~ 15%。

原料接收设备主要有原料运输设备、输送设备（包括带式输送机、刮板输送机、螺旋输送机、斗式提升机等）、称量设备（地中衡、台秤等）、下料坑及原料贮存库等。

（二）粉碎工艺与设备

1. 粉碎的作用

（1）粉碎后，物料粒度变小，单位重量表面积增大，利于消化，有助于提高饲料的利用率。饲料颗粒大小对干物质、氮和能量的消化率与饲养效果的影响见表4-1（宋志刚 等，2002）。

表4-1　颗粒大小对消化率和饲养效果的影响

颗粒大小（微米）	消化率（%）			料肉比
	干物质	氮	能量	
<700	86.1	82.9	85.8	1.74
700～1 000	84.9	80.5	84.4	1.82
>1 000	83.7	79.1	82.6	1.93

（2）粉碎后物料粒度均匀，可为后续的配料、混合、发酵、输送、调制、制粒等工序提供便利。

2. 粉碎工艺

饲料粉碎工艺与后续的配料工艺密切相关，按粉碎与配料工艺的组合形式可分为先粉碎后配料和先配料后粉碎2种工艺。其中，先粉碎后配料工艺（图4-2）是先将原料仓中的块状、粒状饲料原料逐一粉碎，使其成为单一品种的小颗粒原料，分别输送到相应的配料仓，不需要粉碎的原料直接输送到配料仓。然后根据饲料配方，将所需原料经配料仓下方的计量装置计量后，送入混合机混合。先配料后粉碎工艺（图4-3）是将各种饲料原料按照饲料配方要求的比例分别计量，混合后再进行粉碎。

根据菠萝皮渣的加工特性，菠萝皮渣一般与麸皮、糟糠等不需要粉碎的细小物料进行混合发酵制作颗粒饲料，生产流程中只需对菠萝皮渣进行粉碎，综合考虑生产效率与成本等因素，生产菠萝皮渣颗粒饲料更适合采用先粉碎后配料的生产工艺。

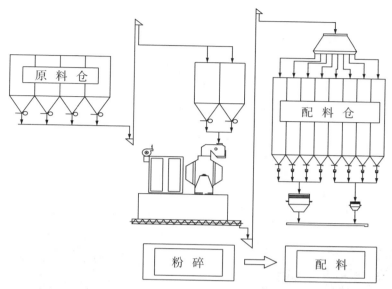

图4-2　先粉碎后配料工艺流程

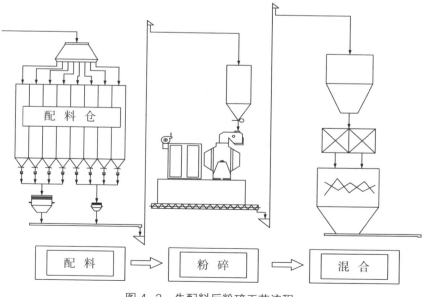

图4-3　先配料后粉碎工艺流程

3.粉碎设备

（1）粉碎设备选用：饲料的粉碎方法主要有击碎、切碎、磨碎和压碎等，根据菠萝皮渣物料特性，菠萝皮渣的粉碎事宜采用击碎方式，常用设备为锤片式粉碎机。

（2）锤片粉碎机结构、工作原理：锤片粉碎机（图4-4）主要由机座、进料口、粉碎转子（包括锤片固定转辊和锤片）（图4-5）、齿板、筛板和排料装置等部件组成。

图4-4　锤片粉碎机

图4-5　粉碎转子

工作时，物料通过导向机构进入粉碎室，受到高速旋转的锤片撞击而破碎，以较高的速度飞向齿板，与齿板撞击进一步破碎，经过如此反复打击，使物料破碎成细小颗粒。

（3）锤片粉碎机特点：锤片粉碎机具有结构简单、通用性强、粉碎质量好、空载启动迅速、对湿度和温度敏感性弱、生产率高和使用维修方便等特点，是国内外饲料加工行业中广泛应用的粉碎设备。

（三）饲料输送设备

在菠萝皮渣饲料工厂中，各主机设备和各工序之间的物料移动和运输主要依靠输送设备来完成，输送设备是饲料加工生产线中的重要组成部分。适用于生产菠萝皮渣饲料的输送设备较多，常用的机型主要有皮带输送机、埋刮板输送机、螺旋输送机、斗式提升机等。

1. 皮带输送机

结构：皮带输送机（图4-6）主要由机架、皮带、辊筒、张紧装置、传动装置等组成。其中，皮带、辊筒、托辊等布置在机架上，用于带动和支撑输送皮带；输送带有橡胶、橡塑、聚氯乙烯（PVC）、聚氨酯（PU）等多种材质；皮带输送机的驱动方式有减速电动机驱动和电动滚筒驱动2种方式。

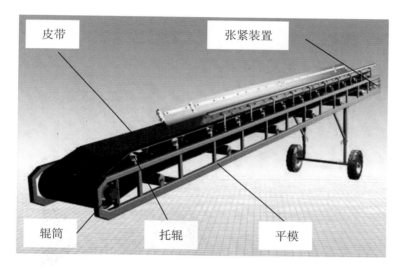

图4-6　皮带输送机

工作原理：皮带输送机是一种利用连续而具有挠性的输送带不停地运转来输送物料的输送机。输送带绕过若干滚筒后首尾相接形成环形，并由张紧滚筒将其拉紧；输送带及其上面的物料由沿输送机全长布置的托辊支承；驱动装置使传动滚筒旋转，借助传动滚筒与输送带之间的摩擦力使输送带运动（董婷 等，2013）。

主要特点：结构简单，输送量大、输送距离长、工作平稳可靠；物料与输送带没有相对运动，运转噪声小，操作维修方便；输送的物料不受损伤，物料残留量少；在整个长度上都可以装料，输送量大，能耗相对低；由于在输送时物料暴露不密封，在输送时易产生粉尘。

2．埋刮板输送机

结构：埋刮板输送机（图4-7）主要由机头、中间部和机尾部3部分组成。机头部由机头架、电动机、液力耦合器、减速器及链轮等件组成；中部由过渡槽、中部槽、链条和刮板等部件组成；机尾部是供刮板链返回的装置。有的刮板输送机的相邻中部槽在水平、垂直面内可有限度折曲（赵四海 等，2014）。

图4-7　埋刮板输送机

工作原理：埋刮板输送机是一种在封闭的矩形形状断面的壳体内，借助于运动着的刮板链条连续输送散装饲料的运输设备。在水平输送时，饲料受到刮板链条在运动方向的压力及饲料自身重量的作用，在饲料间会产生内摩擦力，这种摩擦力保证了料层之间的稳定状态，并克服饲料在机槽内的移动而产生的外摩擦阻力，使物料形成整体料流而被输送。

主要特点：与带式输送机相比，具有体积小、结构简单的优点，其制造、安装、使用和维修都比较方便；壳体密封性好，不产生粉尘，对保护现场工作环境有利；与输送量相同的其他类型输送设备相比，料槽截面积小，占地面积小；料槽为密封型，因此刚度大，对支撑架的依赖小，长距离输送时只需设置简易支撑即可；与其他输送设备比，功率消耗较低。

3. 螺旋输送机

结构：螺旋输送机（图4-8）主要由螺旋绞龙、料筒（或料槽）、进料口、出料口和驱动装置等部分组成。刚性的螺旋绞龙通过头、尾部和中间部位的轴承支承于料槽，形成可实现物料输送的转动构件，螺旋绞龙的运转通过安装于头部的驱动装置实现，进料口、出料口分别开设于料槽尾部上侧和头部下侧（周曼玲，2006）。

图4-8　螺旋输送机

工作原理：利用螺旋叶片的旋转运动推动散粒料向前做翻滚运动，从而实现物料的输送作业。

主要特点：工作可靠，密封性能好，适合于输送各种粉状、粒状、小块状的散状物料；结构简单，制造成本低，操作维修方便；占用空间小，安装方便，可根据现场条件选择安装地点。

4. 斗式提升机

结构：斗式提升机（图4-9）主要由畚斗带（链）、畚斗、机头、机筒、机座、驱动装置和张紧装置等部分组成。机筒可根据提升高度不同由若干节构成，内部结构主要为环绕于斗式提升机机头头轮和机座底轮形成的封闭环形结构的畚斗带（链），畚斗带上每隔一定的距离安装了用于承装物料的畚斗。斗式提升机的驱动装置设置于机头位置，通过头轮实现提升机的驱动（周曼玲，2016）；张紧装置位于机座外壳上用于实现畚斗带（链）的张紧。

图4-9　斗式提升机

工作原理：工作时，料斗把物料从下面的储槽中舀起，随着畚斗带（链）提升到顶部，绕过顶轮后向下翻转，斗式提升机将物料倒入接收槽内。

主要特点：按垂直方向输送物料，占地面积小；提升物料稳定，噪声小，密闭性能好；提升的高度大，输送能力强；对过载敏感，进料量过大时易堵塞，畚斗及畚斗带易磨损。

（四）配料工艺与设备

配料是根据饲料配方要求，采用特定的配料装置，将各种不同品种的饲用原料进行准确称量的过程。配料秤是实现这一过程的主要装置，是配料装置的核心设备。

1. 配料工艺

合理的配料工艺流程可以提高配料精度，使单位饲料营养配方精确。配料工艺流程组成的关键是正确选择配料装置及其与配料仓、混合机的配套协调。目前常用配料工艺流程有多仓一秤配料、一仓一秤配料和多仓数秤配料等形式（冯定远，2003）。

（1）多仓一秤配料工艺流程：多仓一秤配料工艺是中小型饲料厂使用较多的一种配料形式，其具有以下优点：工艺简单、配料计量设备少，设备调节、维修、管理方便，易实现自动化。缺点：配料周期长，累计称量过程中各种物料的称量误差控制较难，易导致配料精度不稳定。

（2）一仓一秤配料工艺流程：一仓一秤配料工艺主要应用于小型饲料加工厂或预混合饲料厂。一仓一秤配料工艺是每一个配料仓下配备一个配料秤，其具有以下优点：同时称量多仓的多种物料，并可根据物料的种类、数量进行调整，缩短配料周期，精度较高；缺点：投资较大，自动控制困难。

（3）多仓数秤配料工艺流程：多仓数秤配料工艺是应用最广泛的一种配料工艺。该工艺是根据物料特性、配方比例，分批分次进行称量，其特点是：较好地解决了多仓一秤、一仓一秤存在的问题，配料绝对误差小，从而经济、精确地完成整个配料过程，是一种比较合理的配料工艺流程。

2. 配料设备

随着电子技术的发展，以称重传感器为基础的电子配料设备得到普遍应用，并成为配料设备发展的主流。电子配料设备（图4–10）的配方、进料、出料全由计算机控制，秤体部分除料斗外，还有称重传感器、精密放大器、模/数转换器、微型计算机、显示器、打印机和执行系统等。计算机控制系统能控制多台配料秤和一台搅拌器，并能控制干混合和湿混合的时间，可配制几种至几十种物料，能同时显示配料流程和打印各料名称、质量、总质量、循环时间、配方、日报表、月报表等。电子配料秤配方存储量大，配料品种多，速度快，准确度高，可提供的软件丰富，程序修改方便，是自动化程度较高的产品。

图4-10　电子配料设备

（五）饲料混合

混合是生产配合饲料和混合饲料的关键工序，原料混合的主要目的是将按配方配合的各种原料组分和发酵菌种混合均匀，通过发酵处理，使禽畜采食到符合配方要求的各组分分配均衡的饲料，它是确保配合饲料质量的重要环节（刁其玉，2006）。

1. 混合工艺

混合工艺是指将饲料配方中各组分原料经称重配料后，进入混合机进行均匀混合加工的方法和过程。按混合工艺来分，混合操作可分为分批混合工艺和连续混合工艺（何延东，2006）。

（1）分批混合工艺：分批混合工艺是将各组分物料配合在一起，送入周期性工作的批量混合机进行混合，混合一个周期就可以生产出已混合好的物料。这种混合方式更换配方方便，每批之间的相互混杂较少，是目前普遍采用的混合方式。

（2）连续混合工艺：连续混合工艺是将各种物料组分同时分别地连续计量，并按比例配合成一股含有各种组分的物料流，当物料流进入连续式混合机后，会产出均匀的混合后的物料流。该工艺可以连续进行，利于上下工序无缝衔接，但配方更换、流量调节等较麻烦。

2. 混合设备

混合工艺所用设备主要有卧式环带混合机、立式混合机、圆锥形行星混合机、"V"形混合机、壳体转动的连续混合机和壳体固定的连续混合机等（周维仁 等，2000），对于菠萝皮渣物料的混合可采用卧式环带混合机和双轴桨叶混合机。

（1）卧式环带混合机：卧式环带混合机（图4-11）用于分批式混合，该类型设备的结构主要由机体、转子、进料口、排料口、传动部分和控制部分组成。其中，转子是混合机的主要工作部件，它由带状螺旋叶片、支撑杆和转动主轴组成；排料口位于机体底部，出口门控制机构有手动、电动和气动3种形式，手动仅用于小型混合机，大、中型混合机使用电动或气动控制。

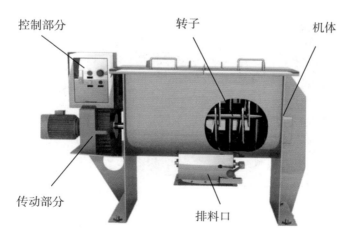

图4-11　卧式环带混合机

工作原理：卧式环带混合机，环带一般为内外2层，2层环带旋向相反，当一条环带把物料由混合机的一端输送向另一端时，另一条环带则把物料做反向输送，两层环带中，内层环带又宽于外层，因此在机内产生强烈的对流和剪切混合作用。卧式环带混合机的优点是适用范围广，混合速度快，混合周期短，在混合稀释比较大的情况下也能达到较好的混合效果，混合质量好。

（2）双轴桨叶混合机：双轴桨叶混合机（图4-12）主要由机体、双转子、进料口、排气口、排料口及传动部分等组成。机体为双槽形，机体顶盖有1～3个进料口，用于进料、排气、观察等。槽底开有排料口，用于快速排空机内混合好的物料。机体内装有2组转子，转子由轴、桨叶和撑杆组成。桨叶一般呈45°角安装在轴上。一根轴上最左端的桨叶和另一根轴上最右端的桨叶与轴线的夹角小于其他桨叶，这2个桨叶除了混合作用外，还使物料在此获得更大的径向速度而较快地进入转子作用区。两轴安装的中心距小于两桨叶的最大回转直径，转子运动时，两轴桨叶端部在机体中线部分成交叉重叠区。

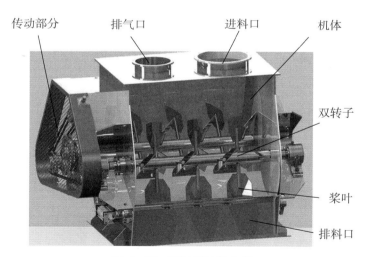

图4-12　双轴桨叶混合机

工作原理：双轴桨叶混合机内物料受两个相反方向旋转的转子作用，进行复合运动，即物料在桨叶的带动下围绕着机壳同时做旋转运动和上下翻动运动。在两转子交叉重叠处形成失重区，在此区域内，不论物料的形状、大小和密度如何，物料都会处于瞬间失重状态，这使物料在机体内形成全方位的连续循环翻动，相互交错剪切，从而达到快速、柔和、均匀混合的效果。

（六）发酵设备

培养微生物的发酵设备必须具备微生物稳定生长繁殖的条件，以获得稳定的质量和产量（高翔 等，2014）。发酵设备有液体发酵设备和固体发酵设备之分，生产菠萝皮渣饲料原料为固体物料，根据菠萝皮渣饲料发酵工艺，需采用固体厌氧发酵设备，常见的固体厌氧发酵设备为发酵罐，如图4-13所示。

图4-13　发酵罐

（七）干燥设备

干燥设备用来将含水率较高的物料通过加热使物料中的水分蒸发逸出，以降低物料的含水率。

固态发酵后的饲料含水率通常在40%～45%，必须使用干燥设备将其含水率降至18%以下，以利于制粒（刘昊翔 等，2018）。由于干燥温度对发酵饲料酶的活性有一定影响，因此在干燥时需严格控制加热温度。目前，我国常用的干燥方式有流化床干燥、滚筒式干燥和气流干燥。

流化床干燥（图4-14）是将散状物料置于孔板上，空气加热后送入流化床底部经分布板与物料接触，物料颗粒在气流中呈悬浮状态，如同液体沸腾一样，这种干燥方式又称沸腾干燥。在流化床干燥中，流体与物料能够充分混合，表面蒸发机会多，大大强化了两相间的传热和传质。因此床层内的温度比较均匀，且具有很高的热容量系数（或体积传热系数），一般可达到 8 360～25 080 千焦/（米³·时·摄氏度），生产能力大。此外，沸腾干燥器的干燥速率大，物料在沸腾床里停留的时间可按工艺进行调整，产品含水率要求有变化或原料含水率有波动时都能适用。缺点为：当物料黏性较大时，容易黏附在孔板上，随着物料的黏聚干化堵塞气孔，使干燥效率大大降低。目前，有的企业在流化干燥机内部加装正反转搅拌机构，一定程度上解决了孔板堵塞的问题。

图 4-14　流化床干燥设备

滚筒式干燥（图 4-15）具有干燥强度高、功率消耗低、结构简单、易于维护等优点，在饲料行业中应用非常普遍。其主体为略微倾斜转动的滚筒，物料在抄料板的带动下在滚筒中翻动，利用自由落体运动使物料在滚筒中向前翻动并与热空气接触，热空气蒸发并带走物料中的水分，最后物料由出料端排出，饱和湿空气由引风机排出口。滚筒干燥的主要优点是：连续操作，处理量大，干燥速率大。缺点是：设备笨重，黏性物料容易黏附在转筒壁和抄料板上，热空气不容易接触，影响干燥效率（高翔　等，2014）。

图4-15　滚筒式干燥设备

气流干燥（图4-16）是对流传热干燥的1种，可同时完成物料输送和干燥2种功能，特别适合粉末状或小颗粒等体积质量较轻的物料干燥作业（高翔 等，2014）。气流干燥的优点：对流传热系数和传热温度差大，干燥器的体积小，干燥速率快，物料停留时间短，可在高温下干燥；热利用率高；设备紧凑，结构简单；可以完全自动控制。缺点：气流在系统中压降损失大，管壁与物料摩擦易磨损，在处理有黏性的物料时容易黏附腐蚀。

图4-16　气流干燥设备

（八）颗粒成型工艺与设备

1. 颗粒饲料的优点

通过外力作用将饲料配合物料压实并挤压出模孔形成颗粒状饲料，将该过程称为制粒。经制粒作业形成的颗粒饲料具有如下优点。

（1）制成颗粒后可保证饲料的全价性，避免动物挑食。

（2）可避免饲料成分的自动分级，减少环境污染。

（3）制粒后密度增加，使贮存和运输更为经济。

（4）能够杀灭饲料中的沙门氏菌，减少疾病的传播。

（5）在制粒过程中，由于水分、温度和压力的综合作用，使饲料中的淀粉糊化，酶的活性增强，促使动物更快地消化吸收，与粉料相比可提高10% ～ 12% 的饲料转化率（刘海凤 等，2009）。

颗粒饲料一般有 3 种类型：硬颗粒、软颗粒和膨化颗粒。由于软颗粒饲料一般含水率较大，适合现压现喂，不易贮存；膨化颗粒原料多为淀粉；目前的研究中多利用菠萝皮渣制备硬质颗粒饲料，鉴于此，本章主要介绍硬颗粒饲料的生产工艺与设备。

2. 颗粒饲料技术要求

（1）颗粒外形：形状大小均匀，表面光洁，结构紧密。

（2）颗粒直径：根据饲喂动物的种类，直径一般在 1 ～ 20 毫米，见表 4–2。

表 4–2　各种动物适宜的颗粒直径

饲喂动物	颗粒直径（毫米）	饲喂动物	颗粒直径（毫米）
幼鱼	≤1	产蛋鸡	4.0 ～ 5.0
幼虾	≤2	蛋鸭	6.0 ～ 8.0
成鱼	3.0	兔、羊、牛犊	6.0
雏禽	2.0 ～ 2.5	牛、猪、马	9.5 ～ 15.9
成鸡、仔鸡	3.2 ～ 4.0	牛	19
成年肉用鸡、种鸡	4.0 ～ 5.0		

（3）颗粒长度：颗粒饲料的长度一般为直径的 1.5 ～ 2.0 倍。

（4）含水率：为便于贮存，颗粒饲料的含水率一般为 12.0% ～ 13.5%。

（5）密度：颗粒饲料的密度通常为 1 200 ～ 1 400 千克 / 米 ^{3}，破碎强度为 8 ～ 10 牛 / 厘米 ^{2}，容积质量为 650 ～ 800 千克 / 米 ^{3}，破碎率为 5% ～ 8%。

3. 制粒工艺

颗粒饲料生产工艺按先后顺序主要有物料预处理、制粒及后处理［包括冷却、破碎（可选）、分级］3 部分（廖建华，2009），待制粒仓内的原料由供料器进入调制器，经蒸汽调制后进入制粒室制粒，压制的颗粒饲料经冷却器冷却，冷却后进入分级筛分，不合格的颗粒重新制粒，合格地进入成品仓进行冷却和包装。

4. 制粒设备

制备菠萝皮渣颗粒饲料主要采用模辊式颗粒成型机，模辊式颗粒成型机主要有环模式和平模式两种机型（魏伟，2013）。

（1）环模制粒机结构与工作原理：环模制粒机（图 4-17）主要由供料装置、调制装置、制粒装置、动力装置和传动装置等组成。制粒时，螺旋供料器将物料输送给搅拌调制器，与此同时加入的蒸汽、糖蜜、油脂等搅拌混合，进行调制处理，随后喂入制粒室制粒。在制粒室内，匀料板将调制好的物料均匀地分配到环模内。通过模、辊的挤压作用将物料挤压至环模模孔内，受挤压后的物料密度和温度不断升高，经过一定时间的保温保压定型

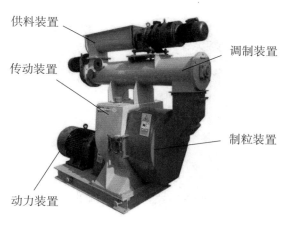

图 4-17 环模制粒机

后，被挤出模孔，随后由切刀将其切成固定长度的颗粒，形成颗粒饲料。

1）供料装置。颗粒机的供料采用螺旋绞龙机构，通过螺旋供料装置可均匀地向制粒室喂入制粒原料，供料量可通过调节绞龙转速或调节出料闸门开度实现。螺旋供料装置常采用电磁调速器或变频器控制电动机的转速，一般控制在 17 ～ 150 转 / 分。

2）调制装置。调制装置的作用是将喂料机构送入的原料和输入的蒸汽及液体搅拌混合，对原料进行调质，同时将调制好的原料输送给制粒装置制粒。调制器的轴上安装有按螺旋线排列的搅拌杆，搅拌杆的安装角度可以调节。在调制器的侧壁，装有喷嘴用来输入蒸汽、油脂或糖蜜，使物料在调质器内与添加物均匀地混合并软化，调制时间越长越好，一般畜禽饲料的调质时间为 20 秒左右（王勇生 等，2015）。喷出的蒸汽或浆液与粉料混合，可以增加饲料的温度和湿度、增加物料的弹性和塑性，这不仅有利于制粒、提高生产率，而且能减少环模的磨损。

3）制粒装置。制粒装置是制粒机的核心部件，其主要由环模、压辊组件等组成（图 4-18）。环模由电动机经减速器驱动旋转，压辊安装在环模内部，靠摩擦力带动随环模的转动而自转。切刀用来将从环模圈挤出的柱状物料切成长度适宜的颗粒，一般颗粒长度为颗粒直径的 1.5 ～ 2.0 倍，一个压辊配用一把切刀，切刀与环模的距离可调（吴劲锋，2008）。

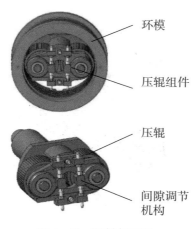

环模

压辊组件

压辊

间隙调节
机构

图 4-18 环模与压辊

（2）平模制粒机：平模制粒机（图4-19和图4-20）的颗粒成型模具为水平盘状，与环模制粒机工作原理相似，都是利用挤压原理将物料挤进模孔压缩成型，其主要差异如下。

图4-19 平模制粒机

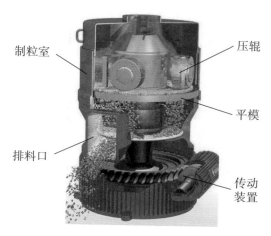

图4-20 平模制粒机内部结构

1）模辊径向线速度方面环模的辊与模内径接触点在同圆周上，故线速度相同；而平模压辊是绕着平模的中心回转，平模径向各接触点的线速度不同，这会影响成品的均匀性，并造成模、辊各部位磨损不均。故平模和环模的圆周速度有所差异，平模一般为 2 ~ 5 米 / 秒，环模为 4 ~ 8 米 / 秒（饶应昌，1996）。

2）摄取角和功耗方面由于平模和环模内腔结构不同，在同料层的条件下，环模的摄取角比平模大，即环模挤压时间长，压出颗粒密度大，在挤压过程中环模耗功多，但压出颗粒质量好些。

3）传动方式方面环模是主动，压辊是随动。平模有动辊式、动模式，还有既动模又动辊的，目前主要压模固定为动辊，这样结构简单，更换压模块（易于更换压模）。

4）平模结构简单，制造较易，成本较低，但制粒效率低，机型一般较环模小。

（九）冷却器

刚压制成型的颗粒，温度高达 60 ~ 90℃，含水率达到 14% ~ 17%，在此状态下不宜包装贮存，故需用冷却设备将其迅速冷却，使料温降到接近室温。一般情况下，颗粒饲料温度降至室温，含水率会降至 12% ~ 13%，并伴随着颗粒硬化，这有利于饲料颗粒的贮运（李军国 等，2005）。在菠萝皮渣饲料生产中常用的冷却器为逆流式冷却器。

1. 结构与工作原理

逆流式冷却器（图 4–21 和图 4–22）主要由关风器（喂料器）、箱体、撒料机构、排料机构、料斗、料位计等部件组成。

冷却器工作时，固定在箱体上部的关风器在电动机带动下以一定的转速旋转喂料，将热颗粒物料从上一工序输送至箱体内，物料首先落至安装在喂料器正下方的撒料机构上，撒料机构可以是固定式或者旋转式，其作用是使物料均匀地分布在箱体内。空气由下方进风口进入箱体内，从下至上穿过料层后经出风口排出，饲料得到降温和除湿，一段时间后，当饲料颗粒的温度和含水率达到要求时，排料机构开启，进行卸料，完成一个工作循环。

2. 特　　点

1）空气从底部进入，从顶部排出，与颗粒接触面积大、时间长，使冷

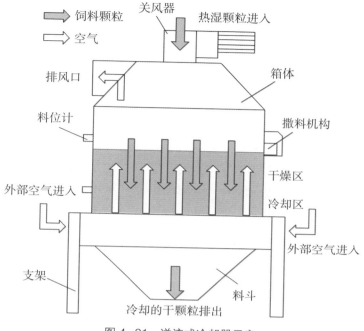

图 4-21 逆流式冷却器示意

图 4-22 逆流式冷却器

风与下部已冷却的物料先接触，穿过料层升温后，热风再与上部热物料相接触，充分利用空气与颗粒的温差与吸热能力。

2）避免了冷风与热颗粒直接接触而产生骤冷现象，因而能防止颗粒产生表面开裂，同时由于采用关风器进料，且进风面积大，因此冷却效果显著。

3）由于采用逆流原理，风与料的流动方向相反，降低了颗粒下降的速度和冲击，所以含粉率降低。

4）冷却室的整个横截面均可下料，饲料颗粒无残留。

5）结构简单，清理方便，动力较小，占地面积小。

逆流式冷却器适用于直径小于 18 毫米的颗粒饲料的冷却，对于粉料或大于 18 毫米的颗粒或块状饲料不适用。

（十）包装工艺与设备

包装是饲料产品生产的最后一道加工工序，对饲料产品进行包装有利于保障饲料品质的稳定，并可为后续的运输和使用提供便利。

1. 包装工艺分类及流程

饲料包装工艺可分为人工包装和采用包装设备自动包装 2 种，目前，对于规模化饲料生产企业大多数采用自动包装，自动包装设备（图 4-23）主要由定量包装秤、夹袋机构、缝袋装置和输送装置组成。其工艺流程为：料仓接口→自动定量秤定量→人工套装→气动夹袋放料→入口引袋→缝口→割线→输送。

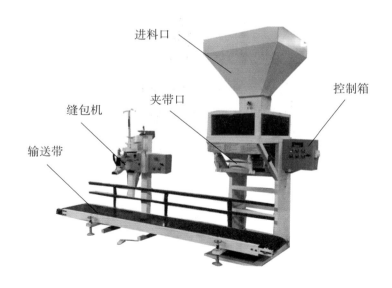

图 4-23　自动包装设备

2. 定量包装秤工作原理

当定量包装机进入自动运行状态后，称重控制系统打开给料门开始加料，该给料装置为快、中、慢三级给料方式：当物料重量达到快给料设定值时，停止快给料，保持中给料；当物料重量达到给料设定值时，停止中给料，保持慢给料；当物料重量达到最终设定值时，关闭给料门，完成动态称重过程；此时系统检测夹袋装置是否处于预定状态，当包装袋已夹紧后，系统发出控制信号打开称量斗卸料门，物料进入包装袋中，物料放完后自动关闭称量斗的卸料门；卸空物料后松开夹袋装置，包装袋自动落下；包装袋落下后进行缝包并输送到下一个工位，如此循环往复自动运行（吴有庆 等，2003）。

第三节　菠萝加工副产物饲料应用范围

菠萝皮渣是一种营养丰富的饲料原料，通过对其混合发酵而制作的菠萝皮渣颗粒饲料，富含蛋白质、氨基酸、醇、醛、酯、维生素及多种微量元素，饲料的适口性也有较大改善。菠萝皮渣颗粒饲料不仅可作为家禽等单胃动物的日粮使用，也可作为牛、羊等反刍动物的主粮使用。研究表明，喂养菠萝皮渣饲料对促进禽畜生长发育、改进肉质及增强抗病力都具有显著的促进作用。

第五章

菠萝加工副产物肥料化利用

第一节 菠萝加工副产物肥料加工特性

菠萝皮渣作为一种典型的农产品加工副产物，具有很高的营养价值，在实际生产中经常被制作为肥料用于农业生产中。目前，农产品废弃物肥料化利用模式主要有 3 种模式，分别是直接还田、堆腐后还田和制作生物有机肥（王庆煌，2012）。

一、直接还田

将皮渣收集后进行粉碎直接还田，可提高皮渣的回收利用率，降低搬运、加工的劳动强度。但机械操作常会受条件的限制，在切碎过程中功耗大，且切碎了的皮渣容易被雨水冲散带走流失，对环境造成一定污染。

二、堆腐后还田

堆腐包括直接堆腐和混合堆腐。直接堆腐是将皮渣在适宜条件下堆放腐熟。混合堆腐是将皮渣切短或粉碎后与鸡粪等混合，并加入复合生物发酵菌剂堆腐成有机肥进行还田。

堆腐操作简便，易于被农民接受和利用，但在原料配比、温度水分控制、腐熟度等技术环节方面需要规范操作，使堆腐生产的有机肥充分腐熟，才能达到理想的效果。

（一）直接堆腐方法

（1）堆放地地面平整，周围设置排水沟。排水沟有利于及时排走肥堆腐熟过程产生的水分，避免物料遭受雨水冲刷流失。

（2）堆放体积需 5 立方米以上。足够的体积才能保持堆温，加快腐熟过程。

（3）表面需铺设干草或塑料薄膜。避免雨水冲淋，有利于升温。

（4）定期检查皮渣堆中心温度，经常翻堆。保证腐熟均匀并避免温度过高，使腐熟过程受到抑制。

（二）混合堆腐方法

（1）堆腐前预先降低混合堆料的水分含量，添加一定量的干物质，如秸秆、麸皮、枯叶等。充分混合后控制水分在 65% 左右，使微生物活性得到最大发挥。

（2）加入适量石灰粉调节 pH 值，控制混合堆料大致为中性。

（三）方法对比

（1）与直接堆腐相比，混合堆腐可通过秸秆、残叶等调节皮渣水分，从而获得较好的腐熟效果。

（2）直接堆腐方法简单，易操作，且成本较低。

（3）混合堆料中营养源充足，可广泛利用真菌、酵母菌、放线菌和细菌等多种有益微生物在大量繁殖过程中的生化反应完成对皮渣的无害化处理。

（4）混合堆料中的有机物能产生特效代谢产物，如抗生素、激素等，可以抑制部分土壤疾病，提高作物抗病性，刺激作物生长发育。

三、制作生物有机肥

将皮渣经过微生物发酵腐熟后，通过一定的生产工艺进行粉碎、造粒、筛分、包装，形成商品有机肥。工厂化生产可根据不同作物的营养需求，将发酵腐熟的有机肥与功能微生物菌结合，通过深加工，可生产出作物专用的生物有机肥。

1984 年，日本冲绳恢复国土股份有限公司东江幸信研究室长利用微生物进行肥料发酵获得成功并披露了该项项目成果（樊镜光，1986）。该研究表明，将牛、猪、鸡等牲畜排泄物和杂草、甘蔗渣、菠萝渣等废物进行微生物（耐高温枯草菌）的短期发酵可制成肥料。牲畜排泄物制肥料若采用自然发酵方法，需 30 ~ 45 天才能成为肥料。时间长，占地多，成本高，臭气大。但利用微生物发酵的方法，约 8 天就可以获得完全发酵的优质肥料。

1971 年，Graff 研究用腐生生物蚯蚓处理有机废弃物以来，蚯蚓在处理各种工农业废弃物、工业污泥和城市生活垃圾各方面受到极大的重视。研究证明，经过蚯蚓处理后的残渣，也是一种无毒、无公害的有机肥。

有研究人员（陈玉水，1997；陈玉水 等，1999）用日本大平 2 号蚯蚓处理菠萝皮渣。在菠萝皮渣与牛粪腐熟料中养殖蚯蚓。蚯蚓的单体重量和日增重量数倍均高于用稻草加牛粪腐熟料养殖的对照组；蚯蚓的性成熟期和产卵期分别比对照提前 11 天和 8 天；蚯蚓茧的孵化率为 2.93 ～ 4.11 条 / 个，平均为 3.58 条 / 个。养殖蚯蚓后，菠萝皮渣饵料的残渣（含蚯蚓粪）中，有机质质量分数为 29.03%、N 为 0.36%、P_2O_5 为 0.90%、K_2O 为 1.04%，只要向其中补充适量的氮素，就可以作为一种优质的有机肥料应用。

第二节　菠萝加工副产物肥料生产工艺及设备

一、生物有机肥生产工艺

（一）技术原理

以菠萝皮渣为原料，添加适量干物质，如以秸秆、鸡粪为辅料，添加复合生物发酵菌种，进行深度生物氧化处理，使堆体迅速发酵升温，20 ～ 25 天即可转化为无害化高活性的生物有机肥。可与微生物技术、条垛式好氧发酵、仓式好氧发酵技术相结合。采用连续发酵技术，可实现工厂化规模生产。

（二）技术组成

复合发酵菌剂是技术的核心，包括有机质快速分解菌和特效抗病功能菌。优选真菌可以是木霉菌、黑曲霉、酵母菌。木霉菌、黑曲霉能分泌多种代谢产物，对含有纤维素的物料具有快速分解作用；酵母菌能够分解营养物质，促进物质转化；所选放线菌为热紫链霉菌，在纤维素上生长并分解纤维素；所选中温细菌为枯草芽孢杆菌和分解木质素的地衣芽孢杆菌。

首先，将上述各菌进行单独培养，生成的菌体经烘干后混匀。然后，按一定的比例将菌体接种于吸附载体中，即得复合发酵菌剂。

菌剂的配制：菌株培养→筛选菌株→菌株培养→菌株优化组合→最佳组合配比确定。同时根据菌株特异性选择培养基的组成。

（三）生物发酵技术（李钦艳 等，2015；宋敏，2015）

1. 工艺流程

生物有机肥基础生产工艺流程如图 5-1 所示。

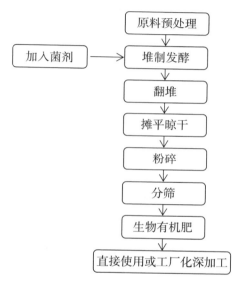

图 5-1 生物有机肥基础生产工艺流程

2. 原辅料的预处理和配比

将菠萝皮渣用粉碎机切碎，以便更快、更充分地进行好氧发酵。然后将粉碎好的菠萝皮渣和鸡粪等物料进行混合堆制。一般按照混合物 C/N 为（20～30）∶1，含水率为 70% 左右（混合物捏之手湿并见水挤出为适度）较为合适。在生产上，对原辅料的配比和用量可根据物料的实际情况进行适当调整。

3. 堆制方法

一是采用平地条垛式堆制，二是采用仓式发酵装置堆制。

平地条垛式堆制可选择地势平坦、靠近水源的背风向阳处，一年四季均可露天制作。仓式发酵装置堆制主要在工业化生产中应用。

4. 发酵工艺

添加复合发酵菌剂：在堆制初期加入 0.2% 的复合发酵菌剂，使堆料的起始微生物数量达到 10^6 菌落形成单位 / 克以上，可有效激发微生物数量、增加堆体中微生物的总数、加速堆体升温、促使堆料提前达到高温期，并延长高温持续时间，从而加速堆料过程，堆料腐熟时间可缩短 7 天左右；在添加菌剂时，将菌剂与干物质按 1:5 的比例混合均匀，再分层添加至堆体中。

物料 C/N 控制：初始 C/N 控制在（20～30）:1 为宜，随着堆料的进行，堆料的 C/N 呈下降趋势，当其降到 18:1 左右时可认为堆料已达到腐熟。

物料水分控制：混合堆料的含水量应控制在 70% 左右。在发酵全过程中，堆体水分含量减少 20%～30%，堆体高度下降 1/3 以上。如果发酵过程中，堆体温度下降或不升高，说明堆料太干或太湿，应添加水或辅料，并重新混合堆腐。

发酵温度控制：发酵过程大致经历升温、高温和降温 3 个阶段。升温阶段是混合物料开始堆垛到温度上升至 40～50℃前的一段时间（3～5 天）。高温阶段主要是堆体温度上升后至降温前的这段时间（6～15 天），该阶段要及时进行翻堆，以调节堆体的温度和通风量。需要控制温度在 70℃以下，高于此温度时大多数微生物的生理活性会受到抑制甚至死亡。降温阶段（15～30 天）温度降低到 40℃以下，该阶段微生物活性不是很高，堆体发热量减少，需氧量下降，有机物趋于稳定。发酵过程中进行翻堆是调节温度、供氧的最佳办法。翻堆时务必均匀彻底，将中间的物料往外翻，低层物料尽量翻至堆体中上部，以利物料发酵全面、充分腐熟。翻堆时，若堆料太干要适量添水。翻堆后，堆体不必压紧。

堆体 pH 值的调节：混合堆料的初始 pH 值在 7.5～7.7，堆腐结束时堆体的 pH 值稳定在 8.2～8.5，在整个堆制过程中堆体的 pH 值变化不大，因此在堆制初期和堆制过程中不需要调节堆料的 pH 值。

（四）产品功能技术

为进一步提高肥效，拓宽应用范围，根据不同作物的营养需求，将发酵腐熟的有机肥与功能微生物菌结合，通过工厂化加工，可生产出具有抗土传病害的作物专用生物有机肥。

（五）工程化生产技术

1. 生产工艺流程

以腐熟的有机物料为载体，加入功能性微生物菌剂，经造粒、烘干、过筛和包装，最终制成生物有机肥成品（图 5-2）。

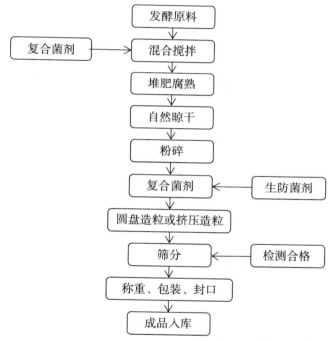

图 5-2　菠萝皮渣生物有机肥料生产工艺流程

2. 发酵工艺

采用仓式好氧发酵工艺，具有发酵周期短、操作简便、对环境和生产条件无特殊要求等特点。在发酵、腐熟过程中物料的水分、C/N、温度等的调节及复合发酵菌剂的使用是生产工艺的关键。发酵仓可由多个小仓组成，每个小仓都是一个独立的个体，集发酵和堆制功能于一体，称为多功能一体仓，在每个小仓里进行以下反应：堆制→升温→发酵→腐熟，整个过程共需要 25 天左右。

3. 造粒工艺

根据对产品的要求不同，主要有圆盘造粒和挤压造粒 2 种造粒工艺。需要添加功能微生物菌则采用圆盘造粒，便于将功能菌与腐熟物料混合后直接在圆盘中进行造粒。圆盘造粒优点是生产量大，粒型好，用户易接受，所需动力小；一般生物有机肥也可以采用挤压造粒，在混合机中将功能菌与腐熟物料混合再进行造粒，挤压造粒为长柱形，生产能力偏低，成本较高。

二、肥料生产工艺

（一）生产工艺

用来生产肥料的有机料在配料前需经过烘干、破碎，然后与其他物料混合。

一般应当先将配伍性差的原料与有机物料混合，再加入其他无机原料。例如，一些吸湿性强的原料先于有机物料混合，可对混合物吸湿性产生明显的抑制。

有机物料与无机原料的混合均匀程度是配料中需要注意的。此外，物料的细度与混料也有影响，物料细度增加，物料粒径均匀都是保证混合效果所必需的。物料细度小也利于造粒，并使颗粒强度增加。

复合肥的生产工艺可分为 5 大类：粉状掺和工艺、干粉造粒工艺、料浆造粒工艺、颗粒掺和工艺、流体混合工艺。

1. 粉状掺和工艺

粉状掺和工艺是将各种天然的及人工的、无机及有机肥料经机械掺混而制成复混肥的生产工艺。对原料的种类及细度要求不严，工艺简单，生产成本低廉。适用于各种无机及有机原料，特别是鸡粪、城市生活垃圾、饼粕等有机原料。生产的成品不利于机械化施肥。但省去了造粉过程，有利于降低成本，适合随配随施。它是以有机物料为主生产复混肥的一种重要方法。掺混复混肥料生产流程如图 5-3 所示。

生产过程：原料准备→计量配料与混合→散堆稳定→翻堆包装。

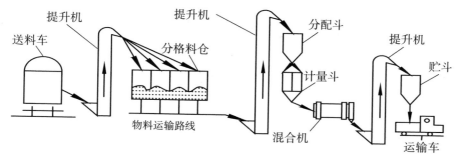

图5-3　掺混复混肥料生产流程

2. 干粉造粒工艺

粉状肥料混合造粒法可将多种粉状肥料混合，再经过造粒、干燥、筛分等过程，获得颗粒均匀、含水量低的团粒肥料。通过雾化加水或蒸汽提供液相。操作简便，原料适应范围广，但返料较多，造粒效率较低。配方肥料干粉造粒生产工艺流程如图5-4所示。

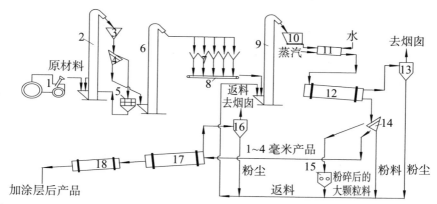

1—机铲；2、6、9—斗式提升机；3—漏斗；4、14—筛子；5、15—破碎机；7—漏斗群；8—胶带输送机；
10—进料斗；11—造粒机；12—干燥器；13、16—旋风除尘器；17—冷却器；18—涂层转鼓

图5-4　配方肥料干粉造粒生产工艺流程

在粉状造粒时，向造粒机内喷洒酸液，在料床内通入氨气，酸和氨反应成盐，同时帮助物料成粒。

3.料浆造粒工艺

料浆造粒工艺是在以磷酸铵和硝酸磷肥为磷源生产复混肥时，将其制成料浆，把固体氮肥和钾肥加入其中，制备氮、磷、钾三元高浓度复混肥。由于造粒的机理主要是靠料浆的涂布作用而使颗粒增大，从而得到坚硬和流动性好的颗粒状产品。

4.颗粒掺和工艺

颗粒掺和工艺适用于需要混合的物料全是颗粒且颗粒大小大致相同，或是需要混合物料一部分是颗粒一部分是粉状 2 种情况。

颗粒掺和工艺在美国盛行，中国由于缺乏匹配的颗粒基础肥料而使用不多。

5.流体混合工艺

流体混合工艺分为冷混和热混 2 种。冷混在混合原料时不产生热量或所产热量不大，热混所采用的原料在混合时会产生大量的化学反应热。

（二）造粒技术

造粒的原理是将基础肥料按照一定比例配比凝聚或团结为一定大小成品肥料的过程。目前，各肥料厂主要采用的造粒技术有圆盘造粒、转鼓造粒和挤压造粒。其中，圆盘造粒和挤压造粒更为常用。

1.圆盘造粒

圆盘造粒关键需要掌握好圆盘的转速和倾斜角、喷洒适宜的造粒水、经常清除圆盘中的黏结物。

圆盘转速一般根据圆盘进行设计，但可通过调整电动机转速或传动装置进行调整，最好保持在 30 转 / 分。圆盘倾斜角不能小于湿润物料的自然休止角，以免物料在圆盘上随圆盘一起传动，一般为 45°～60°。圆盘转速和倾角与物料种类有关，摩擦系数越大的物料应加大倾角，提高转速；相反，光洁度很高，摩擦系数小的物料应适当减小倾角，降低转速。

喷水时一定要呈细雾并尽量避免滴漏，防止物料形成大的球体；喷水的速度和数量要根据物料的种类和含水量来确定；必要时应喷洒其他黏结剂以增强造粒效率和颗粒强度。

圆盘造粒的产品颗粒圆整、均匀，并有自动分级的能力；成球率高，返料比小；生产强度大，操作直观，容易控制；结构简单，设备价廉，操作维护费用较低。

2．挤压造粒

挤压造粒是将基础粉状肥料只依靠压力进行团聚的干法造粒过程，适用于高氮、低磷、高钾的颗粒复混肥，或有机无机颗粒复混肥，或以碳铵为主要氮源的颗粒肥生产的唯一选择。

挤压造粒法是在机械压力作用下，使干粉结块成粒，即将按一定比例混合好的粉状原料通过辊碾和模板直接挤压成型。各种无机有机原料都适用，工艺简单，成粒率高，能耗低。但产量较低，对原料水分含量要求严格，且模具极易磨损，维修费用较高。

挤压造粒过程中需要对物料含水量进行控制。以碳铵作为氮源对其进行改性，以减少生产过程的氨挥发和提高产品稳定性。主要方法是在混和料中加入一定量的氧化酶，在磷酸铵存在下生成磷酸镁铵，使原料中的游离水变成结晶水，同时磷酸镁铵包裹在碳铵表面，使碳铵稳定性大大增强。过磷酸钙的高含水量和强吸湿性是挤压造粒的最大障碍，故需对其进行氨化。原料中的磷酸铵和氯化钾生成的盐对，最初是不稳定的，水分含量高，会提高产品的吸湿性和结块性。国内生产的对辊式挤压造粒设备（图 5-5），物料含水量可控制在 5% 左右，有机物料的挤压造粒含水量可适当放宽。

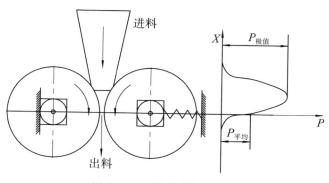

图 5-5 对辊式造粒机原理

造粒过程如下。

（1）黏结团聚过程：这个过程中几乎没有水分和足够的时间形成物料桥接，而主要是粒子的紧密靠近引起的分子间力和静电力，并转换成团结桥，使细粉黏结成颗粒。

（2）挤压过程：首先排气并使粒子重新排列，以消除粒子间隙，同时一部分脆性粒子被压碎成细粉，也填充余下的空隙。这时存在 2 种粘连机理，一是当塑性基础肥料被挤压时，颗粒会变形和流动，产生强有力的范德华力；二是新产生的表面接触时，由于化学键的作用而粘连。

挤压过程的最后阶段，可能是产生熔结桥。即以压力形式提供给系统的能量在粒子的接触点上产生热点，使物料熔融，当物料温度下降时，由液状桥转换成固体桥使细粉黏结成粒。

（三）肥料生产设备（周连仁 等，2007；姜佰文，2013）

一般复混肥料的生产设备主要包括计量、干燥、破碎、混合、造粒、冷却、筛分、输送、包装等设备。

1. 干燥设备

回转式干燥机的工作原理：利用摆布合理，角度交替变更均布于筒体内的扬料板，把含水物料抛洒在旋转的筒体内，经热气流把水分从物料中分泌出来，变成水蒸气排放于大气中而进行干燥。示意图如图 5-6 所示。

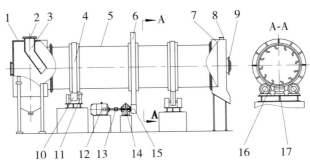

1—烟道接口；2—进料槽；3—进料箱；4—大托轮；6—大齿轮；7—出料箱；8—烟道接口；9—人孔；10—小托轮；11—轴承及座；12—电动机；13—联轴器；14—减速器；15—小齿轮；16—刮料板；17—挡板

图 5-6　回转式干燥机结构示意

2. 破碎设备

链式粉碎机适用于有机肥生产中块状物的粉碎，同时也广泛用于化工、建材、矿山等行业，该机在粉碎过程中采用同步转速的高强度耐磨硬质合金链板，进出料口设计合理，破碎物料均匀，不易黏壁，便于清理。

链式粉碎机按安装形式分为卧式链式粉碎机和立式链式粉碎机2种结构形式，结构示意图如图5-7、图5-8所示。立式链式粉碎机为单转子，卧式

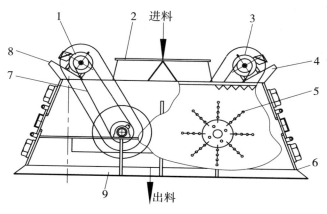

1、3—电动机；2—进料口；4、8—电动机座；5—链条；6—机座；7—传动带；9—出料口

图5-7 卧式链式粉碎机结构示意

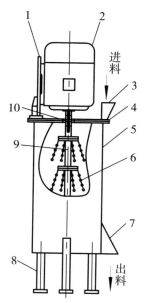

1—电动机支架；2—电动机；3—进料口；4—顶盖；5—机壳；6—链条；
7—出料口；8—支架；9—主轴；10—联轴器

图5-8 立式链式粉碎机结构示意

链式粉碎机为双转子。链式粉碎机的主要工作部件为带有钢制环链的转子，环链一端与转子相连，环链的另一端安有耐磨钢制成的环链头。链式粉碎机属冲击式破碎机，通过高速旋转的链条对料块的冲击进行粉碎。卧式链式粉碎机的双转子结构，每个转子轴都有各自的传动电动机，链条头的圆周速度为 28 ～ 78 米／秒。卧式链式粉碎机由进料口、机体、出料口、转子（包括轴承）、传动装置及减振器组成。为了防止粘料及机体钢板的摩擦，在机体内衬有橡胶板，在机体的两侧设置有快开式检修门，机体、传动装置安装在一个型钢制成的底座上，底座下部安装减振器并与基础相连。

3. 混合设备

在肥料生产中，需要对半成品物料进行混合。混合设备一般有立式和卧式之分。卧式混合机具有效率高、混合质量好的优点，但动力消耗大，而且需有装卸设备。立式混合机具有动力消耗少、装卸方便的优点，但生产率低，如图 5-9 所示。

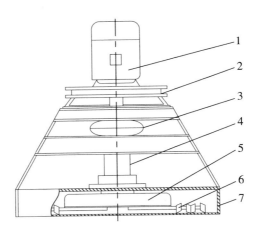

1—电动机；2—减速器；3—联轴节；4—转盘；5—刮板；6—主轴；7—料盘

图 5-9　立式混合机结构示意

4. 造粒设备

挤压造粒机是利用压力使固体物料进行团聚的干法造粒过程。这通过将物料由两个反向旋转的辊轴挤压，辊轴由偏心套或液压系统驱动。固体物料在受到挤压时，首先排除粉粒间的空气使粒子重新排列，以消除物料间的空隙。轮碾挤压造粒机和圆盘造粒机结构示意分别如图 5-10 和图 5-11 所示。

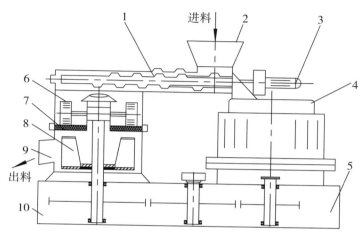

1—螺旋送料器；2—进料斗；3—送料器电动机；4—主电动机；5—减速传动装置；6—碾压滚轮；

7—碾压模板；8—割料刀；9—出料斗；10—机座

图 5-10　轮碾挤压造粒机结构示意

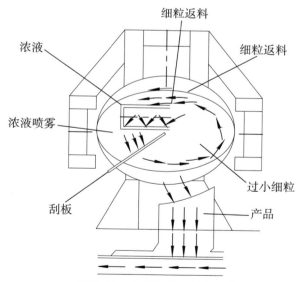

图 5-11　圆盘造粒机结构示意

5.冷却设备

冷却器是利用刚成形的湿热颗粒具有纤维状结构，可以使水分沿毛细管做由内向外移动的特点，使常温下的空气与颗粒的外表面密切接触，通过空气的流动带走颗粒表面的水分和热量，达到冷却的目的。冷却器有多种结构类型，按布置形式，可分为立式和卧式；按空气流动方向又可分为顺流式、横流式和逆流式。回转冷却器和流化床冷却器结构分别如图 5-12 和图 5-13 所示。

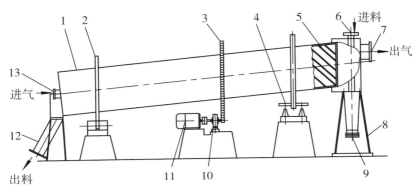

1—转筒；2—托轮；3—大齿轮；4—挡轮；5—抄料板；6—进料口；7—排气口；8—支架；
9—集尘斗；10—减速器；11—电动机；12—出料口；13—进气口

图 5-12　回转冷却器结构示意

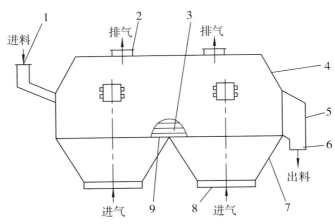

1—进料口；2—排气口；3—整流板；4—壳体；5—出料斗；6—出料口；7—进气箱；
8—进气箱；9—多孔筛板

图 5-13　流化床冷却器结构示意

6.筛分设备

振动筛利用筛体振动实现物料筛分，主要由进料斗、吸风罩、筛体、上筛网、下筛网、振动电机等组成，如图 5-14 所示。当物料从喂料口进入与箱体一同振动的喂料箱后，流经分料板，分散开落入筛网面上，由于均布挡板的阻滞作用使物料进一步摊开，均匀地平铺在筛面上，经过筛分后分别从出料口流出。

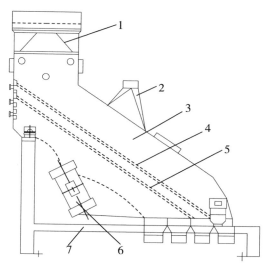

1—进料斗；2—吸风罩；3—筛体；4—上筛网；5—下筛网；6—振动电机；7—机架

图 5-14　振动筛结构示意

第三节　菠萝加工副产物肥料应用范围

一、生物有机肥应用功效

生物有机肥料一般富含多种功能性微生物和丰富的微量元素，其营养元素齐全，可以改良土壤性状；提高肥料利用率；调节作物生长；能对作物生长起到营养、调理和保健等作用。

（一）改善土壤理化性质

调理土壤、激活土壤中微生物活跃率、克服土壤板结、增加土壤空气通透性。减少水分流失与蒸发、减轻干旱的压力、保肥、减少化肥、减轻盐碱损害，在减少化肥用量或逐步替代化肥的情况下，提高土壤肥力，使粮食作物、经济作物、蔬菜类、瓜果类大幅度增产。

（二）增加土壤有益细菌总量

生物有机肥料中的有益微生物进入土壤后与土壤中微生物形成相互间的共生增殖关系，相互作用、促进，起到群体的协同作用。有益菌在生长繁殖过程中产生大量的代谢产物，促使有机物的分解转化，能直接或间接为作物提供多种营养和刺激性物质，促进和调控作物生长。提高土壤孔隙度、通透交换性及植物成活率、增加有益菌和土壤微生物及种群。同时，在作物根系形成的优势有益菌群能抑制有害病原菌繁衍。

（三）提高作物产量，改善作物品质

施用生物有机肥可以使果品色泽鲜艳、个头整齐、成熟集中，瓜类农产品含糖量、维生素含量都有提高，口感好，有利于扩大出口，提高售价。改善作物农艺性状、使作物茎秆粗壮，叶色浓绿，开花提前，坐果率高，果实商品性好，提早上市时间。增强作物抗病性和抗逆性、减轻作物因连作造成的病害和土传性病害，降低发病率；对花叶病、黑胫病、炭疽病等的防治都有较好的效果，同时增强作物对不良环境的综合防御能力。化肥施入量的减少，相应地减少了农产品中硝酸盐的含量。

试验证明，生物有机肥料可使蔬菜硝酸盐含量平均降低 48.3% ～ 87.7%，氮、磷、钾含量提高 5% ～ 20%，维生素 C 增加，总酸含量降低，还原糖增加，糖酸比提高，特别是对番茄、生菜、黄瓜等能明显改善生食部分的味道（邓干然 等，2009）。

（四）改善土壤生态，减少植物病害的发生

生物有机肥具有改善土壤生态环境及土壤微生物区系的作用，还因为含有经过筛选的防菌剂，施用土壤后不但能抑制病原微生物的活动，起到防治病害的作用，而且能刺激作物生长，使其根系发达，促进叶绿素、蛋白

质和核酸的合成，提高作物的抗逆性。生物有机肥对香蕉枯萎病的发生有一定的抑制作用（沈德龙 等，2007；米晓闯 等，2011），病情指数降低了50.0%，防病效果可达到49.6%。

二、菠萝副产物肥料化利用实例

菠萝制罐废料所得菠萝渣，占果实重量的50%～60%。可利用皮渣榨取其中的汁液来生产饮料或进行食品发酵；从中提取菠萝蛋白酶、维生素C和菠萝香精；用作饲料等。

1985年，江苏大峰县大龙乡七灶村姜福珠进行了栽培凤尾菇试验。一是鲜渣栽培。将鲜渣含水量控制在80%左右，用烧杯等作栽培容器，装满料压实后接种凤尾菇麦粒种，用牛皮纸包扎封口置25～27℃培养箱中培养，待菌丝长满瓶后取出菌块，置较潮湿处培养，经常喷水以提高环境的相对湿度，10天后现蕾。二是干渣栽培。用热水浸泡菠萝干渣，含水量控制在80%左右，其他步骤与鲜渣栽培法相同（姜福珠，1986）。

鲜渣栽培生物学效率为160%；干渣栽培生物学效率为106%。据报道，稻草的生物学效率为66%～105%，废棉的生物学效率为95%～205%。菠萝废料的生物学效率低于废棉，略高于稻草。

用菠萝废料生产食用菌不影响从废料中榨取汁液、提取蛋白酶、维生素C和香料等，且栽过凤尾菇的菠萝渣仍可用作家畜饲料。

第六章

菠萝加工副产物
其他综合利用技术

第一节　菠萝加工副产物多糖、黄酮和植物纤维凝胶提取纯化技术

一、多　　糖

多糖是由糖苷键结合的糖链，由 10 个以上的单糖组成的聚合高分子碳水化合物。由相同的单糖组成的多糖称为同多糖，如淀粉、纤维素和糖原；以不同的单糖组成的多糖称为杂多糖，如阿拉伯胶是由戊糖和半乳糖等组成。多糖不是一种纯粹的化学物质，而是聚合程度不同的物质的混合物，一般不溶于水，无甜味，不能形成结晶，无还原性和变旋现象。多糖也是糖苷，所以可以水解，在水解过程中，往往产生一系列的中间产物，最终完全水解得到单糖（马勇　等，2017）。

由一种单糖分子缩合而成的多糖，叫做均一性多糖。自然界中最丰富的均一性多糖是淀粉和糖原、纤维素。它们都是由葡萄糖组成。淀粉和糖原分别是植物和动物中葡萄糖的贮存形式，纤维素是植物细胞主要的结构组分（张虎成　等，2014）。

（一）半纤维素

1. 加工原理

半纤维素是由几种不同类型的单糖构成的异质多聚体，这些糖是五碳糖和六碳糖，包括木糖、阿拉伯糖和半乳糖等。半纤维素结合在纤维素微纤维的表面，并且相互连接，这些纤维构成了坚硬的细胞相互连接的网络。

2. 工艺流程

原料→清洗→干燥粉碎→脱脂→水解提取→过滤→调节 pH 值→透析→浓缩→醇沉→干燥→成品。

利用 Van Soest 纤维素分析法（Smith et al., 1995；Bartolome et al., 1995）通过 3 种洗涤剂进行洗涤菠萝皮渣，用减重法测定各纤维素成分。通过 Van

Soest 中性洗涤剂洗涤后，皮渣中大部分蛋白质、果胶、可溶性糖分、脂类和色素类物质将被除去，离心后所得的不溶物即粗纤维，其是纤维素、半纤维素的混合物。

菠萝皮渣粉碎过筛，石油醚脱脂，于室温下料液比为 1 : 20 的 4 摩尔 / 升 KOH 溶液中提取 2 小时，4 200 转 / 分离心 20 分钟，收集碱提液，用冰乙酸调 pH 值到 5.0，经透析、50℃旋转蒸发浓缩，用 4 倍体积 80% 的乙醇醇沉，真空冷冻干燥，即得菠萝半纤维素粗多糖。

3. 纯　　化

多糖的结构和功能研究需要对提取的粗多糖进一步纯化。使用 DEAE Sepharose Fast Flow 离子交换柱（2.6 厘米 ×20 厘米）（或 DEAE-Cellulose（OH-）层析法）对半纤维素多糖进行纯化，取样品溶于 pH 值为 5.0 的 NaOAc 缓冲溶液中，流速为 4 毫升 / 分，用含 NaCl 的 pH 值 5.0 的 NaOAc 缓冲溶液线性洗脱（0 ～ 1.0 摩升 / 升 NaCl），4 毫升 / 管自动部分收集器分管收集洗脱液。收集单一峰组分，透析，浓缩，冻干，得到分离组分，进一步使用 Sepharose CL-6B 凝胶柱层析进一步纯化多糖，分别取各组分适量，溶于含 0.15 摩尔 / 升 NaCl 的 pH 值 5.0 的 NaAOc 缓冲溶液中，流速为 0.2 摩尔 / 升，20 分 / 管，分步收集单一峰，分离得到的组分即可进行后续的结构和功能研究。

4. 组成及功能

菠萝皮渣多糖为白色酸性多糖，主要由木糖和阿拉伯糖 2 种单糖组成，不含游离或结合的核酸、蛋白类物质。免疫活性体外细胞试验显示，菠萝皮渣多糖对小鼠 T、B 淋巴细胞增殖表现出抑制作用。严浪等（2008）的研究表明，菠萝皮渣多糖对羟自由基、超氧自由基阴离子均有较好的清除效果。当多糖的浓度达到 12 毫克 / 毫升和 6 毫克 / 毫升，其对羟自由基及超氧阴离子清除率能达到 90% 和 80% 以上。

（二）戊聚糖

1. 加工原理

戊聚糖是一种非均一性的植物细胞壁多糖，由 β-D- 吡喃木糖残基经

β-1,4 糖苷键连接而成的木聚糖为主链，α-L- 呋喃阿拉伯糖为侧链连接而成。研究表明，物聚糖是膳食纤维的重要组成部分，可以降血糖和学制，具有减肥、通便等生理功能，可以作为一种功能因子应用于保健食品。

2. 工艺流程

应用 Van Soest 中性洗涤剂处理菠萝皮制得粗纤维，可除去皮中大部分的蛋白质、脂肪和可溶性多糖（Suleyman et al., 2002；Eccleston et al., 2002）。利用戊聚糖在碱液中的溶解性可将其与其他的六碳糖组成的聚糖成分分离。

具体工艺如下：新鲜菠萝皮→破碎、烘干→粉碎、过 80 目筛得菠萝皮渣→ Van Soest 中性洗涤剂处理→粗纤维→加入 NaOH 液，超声波预处理→ NaOH 液搅拌提取→滤液→冰醋酸调节 pH 值至 7 →离心→滤液用 3 倍体积 95% 乙醇处理，过夜→抽滤，洗涤，烘干得粗戊聚糖→ DEAE-Cellulose（OH-）柱层析→苯酚硫酸法检测，合并单一峰→真空浓缩、冻干→菠萝皮戊聚糖纯品。

3. 纯　　化

工艺流程：粗戊聚糖→ DEAI-Cellulose（OH-）柱层析→苯酚硫酸法检测，合并单一峰→真空浓缩、冻干→菠萝皮戊聚糖纯品。

取菠萝皮粗戊聚糖，加热溶于 10 毫升蒸馏水中，加入 DEAD-Cellulose 离子交换柱，然后依次用蒸馏水、0.15 摩尔 / 升的 NaCl 水溶液进行洗脱。流速为 1 毫升 / 分，每管收集 10 毫升，苯酚硫酸法跟踪检测，绘制洗脱曲线，合并各吸收峰的洗脱液，蒸馏水透析 36 小时，减压浓缩，冷冻干燥，得到菠萝半纤维素的柱层析分离物。

后续可进行碘—碘化钾反应试验、双缩脲反应试验和菲林实验定性检测分析是否含有淀粉、蛋白质以及单糖；凝胶渗透色谱（GPC）分析戊聚糖成分；傅立叶红外色谱分析结构。

4. 组成及功能

菠萝皮渣戊聚糖为无臭、白色粉状固体，吸湿性较弱、水溶性很好，其不含淀粉、蛋白质和单糖组分。这些半纤维素多糖成分不含游离或者结合的蛋白质和核酸类物质。分子中有一级醇、二级醇和缩醛的存在，含有糖苷键，且有多羟基和糖醛酸结构，具有典型的多糖光谱。

二、黄　　酮

（一）加工原理

黄酮类化合物是色原烷或色原酮的衍生物，迄今为止，凡具有 2 个不同芳环通过三碳链相互联结而成的一系列化合物，都称为黄酮类化合物。黄酮类化合物多为晶形固体，常含有结晶水，失水后熔点升高。分子结构中，大多数带有酚性羟基，因此具有酚类化合物的通性。另外黄酮类化合物易溶于碱水，加酸后，又析出沉淀，故可用于提取分离和精制（张文华，2012）。

在黄酮类化合物的提取中，超声波辅助提取法、微波辅助提取法和超临界流体萃取技术等，是近年文献报道中常见的现代生物学技术（王龙 等，2003；刘晨，2011）。

黄酮类化合物的纯化方法主要有色谱法、萃取法、大孔树脂吸附法等（孔祥建，2009）。最常用的是色谱法，包括传统色谱法，如硅胶柱色谱法、薄层层析法、葡聚糖凝胶法和聚酰胺柱色谱、高效液相色谱法、高速逆流色谱法（丁鼎 等，2011；康少华 等，2009；黄晓东，2003；袁建伟，2002；孙丽芳 等，2011；陈四平 等，2002；牛丹丹 等，2009；孙印石 等，2009）。

（二）工艺流程

菠萝皮渣→清洗粉碎→烘干→提取→纯化→干燥→成品。

菠萝皮黄酮类物质的提取方法多种多样，已报道的就包括乙醇热回流提取法、纤维素酶辅助乙醇提取法和超声波辅助提取法，见表 6-1。

表 6-1　不同方法提取菠萝皮黄酮

方法	提取条件	得率（%）
乙醇热回流提取	乙醇浓度 80%，温度 80℃、料液比为 1∶50	1.93
纤维素酶辅助乙醇提取法	乙醇浓度 70%，温度 70℃，pH 值为 5.0、料液比为 1∶50	2.16

（续表）

方法	提取条件	得率（%）
超声波辅助提取法（胡银川 等，2010）	乙醇浓度 60%、温度 70℃、提取时间 30 分钟、料液比 1:50、超声强度 350 瓦/米²	2.13
	乙醇浓度 70%、温度 75℃、提取时间 40 分钟、料液比 1:20	0.543
	乙醇浓度 65%、温度 70℃、提取时间 40 分钟、料液比 1:2（蒙英 等，2010）	0.543

菠萝皮黄酮类物质的纯化方法较为单一，主要报道为大孔树脂纯化。X-5 型、NKA 型、LSA-10 型、NKA-9 型、AB-8 型、S-8 型、NKA-2 型等7 种树脂中 AB-8 型大孔树脂对黄酮吸附率高、吸附量大、易解吸，是一种理想的黄酮吸附剂，属快速吸附型树脂，适宜于对黄酮的提取分离。应用 AB-8 型大孔吸附树脂对菠萝皮黄酮提取液进行动态吸附、解析吸附，采用上样液浓度为 2.25 毫克/升，吸附流速为 1 毫升/分，洗脱流速为 0.50 毫升/分，原液 pH 值为 6.0，洗脱剂为 90% 的乙醇溶液，洗脱剂用量为 200 毫升，菠萝皮黄酮最大纯度可达 35.65%。

（三）组成及功能

菠萝皮黄酮类化合物类型的显色反应鉴别见表 6–2。

表 6–2　菠萝皮黄酮类化合物类型的显色反应鉴别

检测方法	试剂	现象	结论
盐酸法	盐酸	无反应	无花青素和查尔酮
浓硫酸法	浓硫酸	橙黄—紫红	双氢黄酮
柠檬酸法	柠檬酸	无反应	双氢黄酮或异黄酮
氢氧化钠法	氢氧化钠溶液	橙黄—深黄	黄酮醇
酚羟基反应法	三氯化铁	墨绿色沉淀生成	黄酮
络合反应法	三氯化铝、无水乙醇	黄绿色、有荧光	黄酮或黄酮醇

荧光鉴别显示：菠萝皮黄酮类物质的种类主要体现为黄酮、黄酮醇和双氢黄酮；菠萝皮黄酮类化合物的红外光谱和紫外分析表明其中含有 β- 糖苷键，菠萝皮黄酮类化合物以糖苷类形式存在；质谱图分析表明菠萝皮黄酮类化合物中含有黄酮二糖苷，极有可能为槲皮素 -3-O-β-D- 半乳糖 -7-O-β-D- 葡萄糖苷。推测菠萝皮黄酮类化合物可能含有三水芸香叶苷或者槲皮素 -3-O- 新橙皮素。推测该菠萝皮黄酮类化合物分子可能含有一个葡萄糖配基和一个酚羟基结构。

三、植物纤维凝胶

（一）果　　胶（杨礼富 等，2002；孙悦 等，2012；杭瑜瑜 等，2016）

利用菠萝加工后剩下的皮渣为原料提取果胶，每 500 吨原料可以提取 1 吨果胶。目前果胶提取工艺已经日趋成熟，广泛应用于各种植物中果胶的提取。

1．加工原理

果胶是广泛存在于植物细胞壁中的一类物质，由纤维素、半纤维素等组成的网络结构所固定，可经由酸催化水解断键而从细胞壁中分离溶出，再利用其不溶于醇的特性使之沉淀，从混合液中分离。

2．工艺流程

原料→清洗→煮沸→漂洗压榨→水解提取→过滤浓缩→脱色沉析→干燥粉碎→成品。

3．技术要点

（1）清洗：将原料放入清水中冲洗，去除附带的杂质。

（2）煮沸：将原料放入蒸煮锅中加适量水煮沸 10 分钟左右，灭活附带的果胶酶。

（3）漂洗压榨：将煮过的原料用清水漂除可溶性色素，洗至无色，放入滤袋中进行压榨，去除多余水分。

（4）水解提取：将原料放入耐酸容器中加入原料 2 倍量的水（软化水），以盐酸调节 pH 值为 1.5 ～ 2.5，加热保持 60 ～ 90 分钟。

（5）过滤浓缩：用孔径 20 微米及以下尼龙布或滤纸趁热过滤，多次洗涤过滤，合并滤液，将滤液进行真空浓缩，控制温度在 50 ～ 60℃，浓缩至原液的 1/5 ～ 1/4 即可。

（6）脱色沉析：用微量活性炭在 80℃下脱色 30 分钟，过滤后取滤液搅拌加入 95% 的乙醇，静置 30 分钟过滤，沉淀物用 95% 的乙醇重复洗涤 2 次，压榨去水。

（7）干燥粉碎：将所得沉淀物进行薄层干燥并粉碎得到 60 目及以下粒径粉末。

4. 结构及组成

菠萝皮果胶中含有部分甲氧基和少量乙酰基，半乳糖醛酸含量约为 68%。FCC 滴定法测定其酯化度约为 48%，是一种含乙酰基的低脂果胶。低脂果胶在高价金属离子存在下即可形成凝胶，可用作低糖、无糖食品的增稠剂。菠萝皮渣果胶多糖中含有鼠李糖、阿拉伯糖、木糖、甘露糖、葡萄糖和半乳糖 6 种单糖，其组成摩尔比为 0.74：0.79：1.54：0.92：0.84：1.00，与市购双子叶植物果胶存在很大差异（徐雪荣 等，2012；冯静 等，2011；杭瑜瑜 等，2016）。

经离子层析得到的菠萝皮渣果胶酸性组分主要单糖成分为鼠李糖（Rha）、半乳糖（Gal）和阿拉伯糖（Ara）。其中 Rha/Gal 值为 0.16，（Gal+Ara）/Rha 值为 1.47，主要为鼠李糖半乳糖醛酸 I 型结构，侧链主要成分为阿拉伯糖和半乳糖，通过 4-O-Rha 连接到主链上；中性单糖含量较少，以半乳糖醛酸型和鼠李糖半乳糖醛酸 II 型结构为主，含有少量鼠李糖半乳糖醛酸 I 型果胶分析结构。

（二）膳食纤维

菠萝皮渣是菠萝加工过程中产生的副产物，占果实重量的 30% 左右，菠萝皮渣中 60% 以上是膳食纤维，但可溶性膳食纤维仅有 6% 左右。

1. 加工原理

膳食纤维中具有大量的羧基和羟基等亲水基团，使得膳食纤维具有很强的持水性和吸水膨胀性，分子表面具有大量活性基团，使膳食纤维具有吸附螯合作用（Ramasamy et al., 2015）。

目前，膳食纤维主要的提取方法有化学法、酶法、发酵法、膜分离法以及组合法等。

（1）化学法：是指先将原料或粗产品清洗、干燥、粉碎后，然后用化学试剂提取而制备各种膳食纤维的方法，主要有直接水提法、酸法、碱法等（郭艳峰 等，2019）。

（2）酶法是指利用多种酶制剂将原料中一些杂质成分去除的一种方法，原料中的杂质一般为蛋白质、淀粉、脂肪等，通常用蛋白酶、淀粉酶等进行处理，最后得到膳食纤维（刘欢 等，2010；Napolitano et al., 2006）。

（3）发酵法是一种运用微生物发酵的原理，利用微生物对物料中的蛋白质、淀粉、植酸等物质进行酵解，从而减少杂质含量的方法（李状 等，2014）。

（4）膜分离法是近年来的新技术，主要应用于可溶性膳食纤维的分离，运用选择透过性膜为介质，利用浓度差或者势能差，将组分的溶剂和溶质进行分离，通过膜分子截留量来对不同分子量的膳食纤维进行分离（沈杰，2015；王世清 等，2012)。

（5）组合法是指采用 2 种或 2 种以上的方式相结合来提取膳食纤维的方法，包括酶—化学法，超声波、微波辅助溶剂提取法等。

化学法提取原料中的膳食纤维，操作比较简单，且能够节约能源，成本较低，是生产中最常用的方法。然而化学法制得的膳食纤维品质不高，在高温和强酸碱的环境下其生理活性极易降低，在制作过程中容易产生大量的污水从而造成环境污染。酶法提取得到的膳食纤维一般纯度较高，而且具有反应条件温和、操作简单、对设备要求较低、对环境污染较少等优点，适合一些蛋白质和淀粉含量高的产品。然而酶的价格相对比较昂贵，且有些酶反应需要一定的条件，导致制备成本较高，限制了其应用。发酵法是一种新颖的制备方法，经过发酵提取的膳食纤维在品质、色泽等方面较好，功能活性较高，比较容易保持产品本身的品质。但是发酵法对环境要求比较高，菌种容易死亡，所以目前在工业生产中使用尚不广泛。膜分离法省去了醇沉的工艺，大大节省了乙醇的使用，分离效果也较好，纯度较高，适合不同分子量膳食纤维的分离。但该方法只能制备可溶性膳食纤维，目前研究成果少，技术尚不成熟，未来具有良好的发展前景。组合法的运用可以充分结合 2 种或几种提取方法的优点，扬长避短，能够大大提高膳食纤维的得率和提取效率，是今后膳食纤维提取的一个重要趋势（姜永超 等，2019）。

2．工艺流程

（1）纤维素酶辅助提取可溶性膳食纤维：菠萝皮渣样品→纤维素酶酶解→过滤→浓缩→醇沉→离心分离→沉淀洗涤→干燥→膳食纤维粗品（杭瑜瑜 等，2018；杭瑜瑜 等，2017）。

方法 1：称取适量干燥的菠萝皮渣粉末，加入一定量的蒸馏水，搅拌均匀。加入一定 pH 值的 HAc-NaAc（弱酸及其盐）缓冲液，在一定温度下酶解一定时间。酶解完全后趁热抽滤，对滤液进行浓缩，浓缩液加入 2 倍体积的无水乙醇在 4℃下沉淀 24 小时，4 000 转 / 分离心 10 分钟，收集沉淀，用无水乙醇洗涤 3 次，经 60℃的真空干燥即得可溶性膳食纤维。

方法 2：清洗新鲜的菠萝皮渣，在 60℃的烘箱中干燥 48 小时，粉碎备用；称取适量菠萝皮渣粉末，加入一定量的蒸馏水，搅拌均匀；加入一定 pH 值的 HAc-NaAc 缓冲液，在一定温度下酶解一定时间；酶解完全后趁热抽滤，对滤液进行浓缩；浓缩液加入 4 倍体积的无水乙醇在 4℃下沉淀 24 小时，以转速 4 000 转 / 分离心 10 分钟；收集沉淀，用无水乙醇洗涤 3 次，干燥即可制得可溶性膳食纤维见表 6-3。

表 6-3　不同的纤维素酶复制提取方法

方法	条件	得率（%）
1	温度 51℃，时间 1.94 小时，料液比 1∶23，酶添加量 0.22%	3.61
2	纤维素酶添加量 0.9%，料液比 1∶35（克 / 毫升），酶解液 pH 值 6.0，时间 75 分钟	10.03

（2）酶辅助提取法：菠萝皮渣样品→ α- 淀粉酶酶解→灭酶→碱解→4

倍 95% 乙醇沉淀→抽滤得滤渣→水洗至中性→ 60℃烘干→粉碎过筛→成品（姜永超，2019）。

采用酶 – 化学法提取菠萝皮渣膳食纤维，以 α- 淀粉酶添加量、酶解时间、碱添加量及碱解时间为影响因素，利用响应面试验得到最佳提取工艺条件为：α- 淀粉酶添加量 520 单位 / 克，酶解时间 42 分钟，碱添加量 4.10%，碱解时间 65 分钟，膳食纤维得率为 72.25%。

3. 结构与功能

膳食纤维结构中含有氨基等侧链基团，可与 Na^+、Cu^{2+}、K^+、Ca^{2+} 等一些阳离子及一些重金属有害离子发生交换作用，可使其随粪便被排出体外，起到解毒的作用。此外，膳食纤维还可通过与人体血液中的 Na^+、K^+ 置换的方式将血液中 Na^+、K^+ 的比值降低，起到降血压的作用（Keb, 2001）。不仅可以吸附油脂，还可以吸附螯合胆固醇、亚硝酸盐以及肠道内毒素，化学物品等有机物，并使之排出人体外，起到降脂排毒的作用，还能降低由于药物过量导致的重吸收作用，进而发挥预防高血脂、胆结石、冠状动脉硬化以及心脑血管疾病等功效（Yasunori et al., 2011）。膳食纤维具有良好的发酵性能，可在人体内结肠菌群的作用下发酵，最终生成多种产物，例如二氧化碳、甲烷和乙酸丁酸等物质。其中产生的乙酸、丁酸等物质可直接参与结肠黏膜上皮细胞的代谢反应，起到调节肠道功能的作用。其次，膳食纤维在肠道发酵后可使整个肠道内 pH 值降低，从而影响肠道菌群的生长，可促使好氧有益菌生长，遏制腐败菌的生长，减少由于腐败菌生长形成的有毒发酵产物（曾霞娟 等，2011）。1998 年西班牙学者率先提出了"抗氧化膳食纤维"的概念，主要指能够与膳食纤维基质结合一些天然抗氧化剂的产物（Sauracalixto, 1998）。天然抗氧化剂主要是指多酚类，包括一些黄酮类和聚合单宁类（Isabel et al., 2007）。多酚类物质良好的抗氧化能力和清除自由基能力能够抑制脂蛋白的氧化，保护体内 DNA 免遭自由基的攻击而产生突变，从而抑制癌症的发生（谌小立 等，2009）。

第二节　菠萝加工副产物在工业生产中的辅助作用价值

一、生产单细胞蛋白（SCP）

利用菠萝加工副产物生产单细胞蛋白方面的研究报道较多。

1958 年，墨西哥学者把 20 余种酵母菌种分别接种在菠萝头、菠萝皮和菠萝果肉的压榨汁上进行试验，结果大部分酵母的产量达到 10 克 / 升。

相关研究人员将菠萝加工废水稀释，使其中糖的质量分数降低到 2%，再加入 0.5% 的（NH$_4$）$_2$SO$_4$（硫酸铵）和 0.1% 的 KH$_2$PO$_4$（磷酸二氢钾），然后接种产阮假丝酵母。试验结果表明：酵母的产量可达 11.5 克 / 升；酵母消耗掉废水中 99% 的糖分，其中 58% 转化为细胞干物质；干酵母的蛋白质质量分数为 46% ～ 61%；在 10 升通气发酵罐中，当总糖为 2%，pH 值为 4.0，温度为 30℃时，培养 20 ～ 22 小时后，细胞产量达到最大值，此时菌体中蛋白质的质量分数为 51.19%（梁超，1985）。

Guerra et al.（1986）等的研究结果表明，在除去 KCl（氯化钾）和 FeSO$_4$（硫酸亚铁）的察贝克培养基中，采用深层液体发酵或者湿润固态发酵技术，利用菠萝废弃物生产 SCP。在深层液体发酵时，微生物转化蛋白的效率更高；培养基中接种菌株 72 小时后，蛋白含量达到最高值；在黑曲霉（*Aspergillus nager*）、瘤黑粘座孢霉（*Myrothe-caum verrucurau*）和绿色木霉（*Trachodermuvarade*）3 种真菌中，黑曲霉生产 SCP 的效率最高。

Sasaki et al.（1991）利用能够在好氧黑暗或厌氧光照条件下生长的红螺菌科菌株，以农产品加工废弃物为原料，生产 SCP 和多种化学物质（包括维生素 B$_{12}$、辅酶 Q 和 5- 氨基乙酰丙酸等）。

二、提取多种工业原料

菠萝皮渣除了可用以提取果胶、蛋白酶以外，还可生产柠檬酸。

Sasaki et al.（1995）利用 A. ACM 3996 菌株对菠萝渣进行固态发酵，其柠檬酸产量比苹果渣和鼓糠高，柠檬酸的质量分数最高可达 1.61%，利润达到 62.4%。Idris 和 Suzana 使用德氏乳杆菌发酵液体菠萝皮渣生产乳酸，最终获得每克葡萄糖 0.78 ～ 0.82 克乳酸的最大产量（Idris et al., 2006）。Saravanan et al.（2013）通过使用里氏木霉从菠萝废物中生产纤维素酶，在最优条件下得到纤维素酶的活性为 8.6 单位 / 毫升。陈伟杰等对菠萝蛋白酶提取方法进行优化，结果显示，在料液比为 1 : 3、温度为 50℃、pH 值为 6.0 的条件下，提取出菠萝蛋白酶的含量最高为 0.937 毫克 / 克，酶活为 1.823 单位 / 毫升，是一种高活性蛋白酶的提取方法（陈伟杰 等，2015）。此外，近年来已有学者在其他领域做了研究，如有学者利用菠萝皮中的纤维素衍生成羧甲基纤维素，用于制备食品包装材料；Dai et al.（2013）将菠萝皮的羧甲基纤维素与丙烯酸和丙烯酰胺进行共聚接枝，再进一步合成超吸收性水凝胶用作生物材料；Prakash et al.（2017）从菠萝皮渣中提取纤维素纳米纤维应用到医学材料中，取得良好效果。

三、开发生物质能

菠萝加工废料果皮渣中含有丰富的碳水化合物，因而也是生产生物质能的优质原料。

Lniswa（1996）研究了菠萝皮渣在不同的水压维持时间（HRT_5）下的甲烷（CH_4）时气体产量。试验结果表明，在较低的 HRT_5 下，可以获得较高的气体产生速率（单位时间内单位体积基质的气体产生量）。菠萝皮渣在 10 天的 HRT_5 条件下，甲烷气体的最大产生速率达到 0.93 升 /（升·天）；基质利用率为 58%；降低 HRT_5，不会对甲烷含量产生显著影响。

参考文献

蔡元保，杨祥燕，孙光明，等，2017. 菠萝叶片色泽、色素及抗氧化活性的关系 [J].
　　植物科学学报，35（2）：283-290.

陈间美，李晋祯，何晓彤，等，2020. 菠萝皮渣生产优质高菌体蛋白饲料发酵菌种
　　的筛选及发酵条件的优化 [J]. 农产品加工（3）：55-59.

陈攀，陈子腾，许合金，等，2015. 菠萝蛋白酶的研究及其应用 [J]. 饲料与畜牧
　　（7）：39-42.

陈清兰，2019. 高锰酸钾改性菠萝皮渣对 Cu^{2+} 的吸附机理研究 [J]. 清洗世界，35
　　（6）：34-35.

陈四平，赵桂琴，2002. 应用高速逆流色谱分离黄答茎叶中黄酮类化合物 [J]. 承德
　　医学院学报，19（4）：328.

陈伟杰，耿丽晶，王馨云，等，2015. 响应面法优化菠萝皮蛋白酶的提取条件 [J].
　　饲料研究（22）：68-73.

陈玉水，1997. 蚯蚓处理菠萝皮渣的研究报告 [J]. 农业环境与发展，14（4）：25-27.

陈玉水，潘伟斌，1999. 植物废弃物饲养蚯蚓的试验研究 [J]. 广西农业生物科学，
　　18（4）：270-273.

谌小立，赵国华，2009. 抗氧化膳食纤维研究进展 [J]. 食品科学，30（5）：287-290.

戴余军，石会军，李长春，等，2014. 菠萝皮可溶性膳食纤维酶法提取工艺的研究
　　[J]. 食品工业，35（2）：58-61.

邓春梅，李玉萍，梁伟红，等，2018. 我国菠萝产业发展现状及对策 [J]. 山西农业
　　科学，46（6）：1031-1034.

邓干然，张劲，李明福，等，2009. 我国菠萝叶纤维发展前景分析 [J]. 中国麻业科
　　学，31（4）：274-277.

邓干然，张劲，连文伟，等，2009. 菠萝叶渣生物有机肥在蔬菜生产上的应用 [J].
　　热带农业科学，29（2）：7-9.

刁其玉，2006. 高效畜禽饲料自配关键技术 [M]. 北京：中国三峡出版社.

丁鼎，颜继忠，2011. 大豆异黄酮纯化研究现状 [J]. 北工时刊，25（4）：3537.

董瑞兰，2010 菠萝蛋白酶的分离纯化及部分应用性质的研究 [D]. 福州：福建农林
　　大学.

董婷，唐瑞，2013. 带式输送机安装简述 [J]. 西北水电（5）：53-54，71.

樊镜光，1986. 用微生物发酵肥料 [J]. 福建农业科技，25.

冯定远，2003. 配合饲料学 [M]. 北京：中国农业出版社 .

冯静，梁瑞红，刘成梅，等，2011. 菠萝皮果胶的提取及结构组成研究 [J]. 32
　　（11）：241-243，370.

冯银霞，2015. 微波萃取菠萝皮中果胶工艺研究 [J]. 农业工程技术（2）：30-34.

符桢华，2010. 利用菠萝皮酿制菠萝果醋研究 [D]. 广州：华南理工大学 .

高翔，虞宗敢，周荣，2014. 我国常用发酵饲料加工设备概述 [J]. 粮食与饲料工业
　　（9）：47-51，55.

龚霄，王晓芳，林丽静，等，2016. 菠萝皮渣发酵饲料的品质研究 [J]. 农产品加工，
　　415（9）：56-58.

郭艳峰，李晓璐，2019. 菠萝叶可溶性膳食纤维碱法提取工艺的优化 [J]. 保鲜与加
　　工，19（5）：104-108.

杭瑜瑜，艾忠恒，秦紫琼，2016. 菠萝皮渣果胶的酸提工艺及理化性质研究 [J]. 琼
　　州学院学报，23（2）：44-48.

杭瑜瑜，胡国欢，齐丹，2017. 菠萝皮渣可溶性膳食纤维的提取及物化特性研究 [J].
　　农产品加工（6）：9-11.

杭瑜瑜，王玉杰，齐丹，等，2016. 菠萝皮渣果胶的提取及理化性质 [J]. 江苏农业
　　科学，44（8）：379-382.

杭瑜瑜，王玉杰，孙国铮，2016. 菠萝皮渣果胶的盐析法提取及理化性质研究 [J].
　　中国食品添加剂（7）：103-110.

杭瑜瑜，薛长风，裴志胜，等，2018. 菠萝皮渣可溶性膳食纤维的酶法制备及理化
　　性质研究 [J]. 食品工业，39（7）：120-124.

何延东，2006. 饲料混合机混合机理及 9HLP1000 型立式混合机设计研究 [D]. 沈阳：
　　沈阳农业大学 .

何运燕，欧仕益，2008. 菠萝茎营养成分的测定 [J]. 现代食品科技，24（10）：1061-1062.

胡会刚，赵巧丽，2020. 菠萝皮渣多酚的提取分离及其抗氧化活性评价 [J]. 食品科
　　技，45（1）：286-293.

胡银川，李明元，邱一雯，等，2010. 菠萝皮总黄酮的提取工艺优化 [J]. 西华大学学报，29（3）：108-110.

黄奋良，1991. 以菠萝皮为原料制作果冻方法研究 [J]. 广西热作科技（2）：42-43.

黄建辉，2020. 全产业链视域下湛江农垦菠萝产业品质提升及品牌塑造策略 [J]. 热带农业科学，40（7）：124-131.

黄鹏，2018. 菠萝渣基生物质炭对毒死蜱在植蕉土壤中环境行为的影响及其数值模拟研究 [D]. 海口：海南大学.

黄香武，骆争明，李恩光，等，2019. 立足全产业链发展　做强做大菠萝产业——湛江农垦菠萝产业发展对策探讨：2019 年全国热带作物学术年会 [Z]. 西安.

黄晓东，2003. 大豆豆渣中黄酮类化合物的分离与鉴定 [J]. 山西食品工业，2（8）：17-18.

黄筱娟，2014. 菠萝叶化学成分及生物活性研究 [D]. 海口：海南师范大学.

黄志坚，董瑞兰，罗刚，等，2014. 菠萝蛋白酶部分酶学性质的研究 [J]. 福建农业学报（1）：62-66.

贾言言，刘四新，李卓婷，等，2015. 非酵母属酵母的接种顺序对混合发酵菠萝酒香气成分的影响 [J]. 食品科学，36（17）：152-157.

姜佰文，2013. 肥料加工技术与设备 [M]. 北京：化学工业出版社.

姜福珠，1986. 菠萝渣栽凤尾菇 [J]. 食用菌（3）：44.

姜永超，2019. 菠萝皮渣膳食纤维的提取、改性及其应用研究 [D]. 武汉：华中农业大学.

姜永超，李柳基，袁源，等，2018. 不同酿酒酵母对菠萝果汁发酵特性的比较 [J]. 食品科技，43（11）：90-97.

姜永超，林丽静，龚霄，等，2019. 物理改性处理对菠萝皮渣膳食纤维物化特性的影响 [J]. 热带作物学报，40（5）：973-979.

金琰，2016. 2015 年中国菠萝产业发展报告及形势预测 [J]. 世界热带农业信息（9）：16-24.

金琰，侯媛媛，刘海清，2016. 中国菠萝产业市场定位及拓展策略研究 [J]. 热带农业科学，36（7）：64-67.

康少华，芦明春，2009.硅胶柱层析法分离大豆异黄酮普元的研究 [J].中国酿造（1）：29.

孔祥建，2009.葛藤总黄酮的提取纯化及其抗氧化活性的研究 [D].重庆：西南大学.

李俶，王芳，李积华，等，2011.菠萝皮渣营养成分及矿质元素检测分析 [J].食品科技，36（4）：257-259，265.

李盖，谭枫凡，2019.全产业链视野下广东农垦菠萝产业发展路径探索 [J].中国农垦（11）：24-28.

李军国，秦玉昌，吕小文，2005.全价饲料品质保证技术 [J].饲料工业（17）：1-6.

李茂，字学娟，周汉林，2014.10种热带经济作物副产物营养价值分析 [J].饲料研究（9）：69-71.

李梦楚，王定发，周汉林，等，2014.不同青贮方式对菠萝茎叶饲用品质的影响 [J].热带作物学报，35（5）：999-1004.

李钦艳，钟莹莹，李忠，等，2015.食用菌菌渣生产复合微生物肥料工艺 [J].食用菌（4）：61-62.

李银环，黄茂芳，谭海生，2004.菠萝叶纤维的化学表面改性及其应用 [J].华南热带农业大学学报（2）：21-24.

李瑛，1991.菠萝皮渣酿酒试验初探 [J].热带作物科技（5）：62-64.

李状，朱德明，李积华，等，2014.发酵法制备竹笋下脚料膳食纤维的研究 [J].热带作物学报，35（8）：1638-1642.

梁超，1985.国外用菠萝加工废料进行食品发酵的研究概况 [J].热带作物加工（2）：41-44.

廖建华，2009.提高饲料制粒机生产效率的方法 [J].江西饲料（6）：25-26.

廖良坤，黄晖，袁源，等，2018.菠萝皮渣果醋发酵特性及抗氧化性 [J].食品科技，43（4）：87-91.

林丽静，黄晓兵，龚霄，等，2016.超微粉碎对菠萝皮渣理化特性的影响 [J].农产品加工，420（11）：19-24.

林丽静，黄晓兵，谢军生，等，2015.发酵法制备菠萝皮渣膳食纤维的研究 [J].农产品加工，398（12）：23-25.

林丽静，马丽娜，黄晓兵，等，2019. 菠萝皮渣糯米果酒发酵过程中主要成分变化研究 [J]. 中国酿造，38（11）：107-113.

刘晨，2011. 桑黄黄酮研究 [D]. 长春：吉林大学.

刘海凤，刘勇，2009. 饲料加工工对营养物质利用率及畜禽生产性能的影响 [J]. 饲料工业（13）：4-6.

刘昊翔，王军，2018. 发酵饲料加工工艺及其应用 [J]. 南方农机（23）：24，27.

刘欢，何文兵，朱柏霖，2014. 复合酶法提取山葡萄渣中可溶性膳食纤维的工艺优化 [J]. 食品科技，39（7）：242-247.

刘洁，史红梅，王咏梅，等，2019. 果酒生产工艺研究进展 [J]. 南方农业，13（30）：191-193

刘晓庚，2005. 用菠萝加工废料制取草酸 [J]. 食品工业科技（12）：153-156.

罗梦，2017. 菠萝蛋白酶的制备及其在牛肉嫩化中的应用研究 [D]. 广州：华南理工大学.

罗苏芹，2019. 菠萝皮渣纤维素纳米晶 / 多糖复合材料的制备、表征及其初步应用 [D]. 广州：华南理工大学.

吕庆芳，王润莲，2011. 菠萝皮渣的营养成分分析及利用的研究 [J]. 果树学报，28（3）：443-447.

马超，2009. 菠萝蛋白酶提取、分离纯化及稳定性研究 [D]. 青岛：山东农业大学.

马丽娜，袁源，龙倩倩，等，2017. 不同酿酒酵母对对菠萝酒香气品质的影响分析 [J]. 农产品加工（11）：49-52.

马勇，刘雅茹，李晓娜，2017. 成人高等教育基础医学教材医用化学 [M]. 2 版. 上海：上海科学技术出版社：247-248.

蒙英，黄家莉，徐锦，等，2010. 菠萝皮中黄酮类物质的提取工艺研究 [J]. 安徽农业科学，38（19）：10264-10266.

米晓闯，张喜瑞，李粤，等，2011. 我国香蕉秸秆回收利用现状研究 [J]. 价值工程，30（34）：273-274.

南竹，曹博恒，2017. 响应面法优化菠萝皮渣酵素的发酵工艺 [J]. 安徽农业科学，45（20）：98-100.

牛丹丹，刘绣华，李明静，2009. 高速逆流色谱法分离花生壳中 3 种黄酮类化合物 [J]. 分析化学（10）：177.

饶应昌，1996. 饲料加工工艺与设备 [M]. 北京：中国农业出版社.

饶应昌，2011. 饲料加工工艺与设备 [M]. 北京：中国农业出版社.

尚云青，2013. 菠萝皮渣醋的加工工艺及陈化期风味物质的检测 [J]. 中国调味品，38（2）：21-25.

沈德龙，李俊，姜昕，2007. 我国生物有机肥的发展现状及展望 [J]. 中国农技推广，23（9）：35-37.

沈杰，2015. 黑豆豆渣不溶性膳食纤维不溶性膳食纤维硫酸酯制备及其功能性质 [D]. 扬州：扬州大学.

沈佩仪，2012. 菠萝皮中多酚类物质的提取、纯化及抗氧化活性的研究 [D]. 南昌：南昌大学.

盛尧，2008. 中国—东盟农业比较优势与合作战略研究 [D]. 北京：中国农业科学院.

宋凤仙，齐文娥，黎璇，等，2018. 广东省菠萝生产对农民收入贡献研究 [J]. 南方农村，34（6）：8-13.

宋敏，2015. 微生物肥料的菌种筛选及发酵工艺研究 [D]. 舟山：浙江海洋学院.

宋志刚，朱立贤，林海，2002. 当前猪饲料生产中值得注意的几个问题 [J]. 江西饲料（4）：15-18.

孙丽芳，刘邻渭，吕俊丽，2011. 芦苇叶类黄酮高效液相色谱分析 [J]. 食品科学，32（10）：241-243.

孙印石，刘政波，王建华，等，2009. 高速逆流色谱分离制备陈皮中的黄酮类化合物 [J]. 色谱（2）：244-247.

孙悦，任铁强，2012. 菠萝皮提取天然果胶的优化条件研究 [J]. 北方园艺（21）：22-24.

谭龙飞，王欢，戴春桃，等，2017b. 菠萝茎糖类物质组成的研究 [J]. 食品与发酵科技，53（4）：68-72.

谭龙飞，钟燕红，沈银玉，等，2017a. 菠萝茎淀粉的特性研究 [J]. 食品与发酵科技，53（5）：63-67.

唐越施，张小燕，胡顺华，2017. 探究菠萝市场的金融化发展 [J]. 中国乡镇企业会
　　计（1）：37-39.

田迎新，谭惠仁，邓华超，2016. 菠萝产业标准化体系建设现状及建议 [J]. 中国标
　　准化（15）：21-22.

田志梅，马现永，鲁慧杰，等，2019. 果渣营养价值及其发酵饲料在畜禽养殖中的
　　应用 [J]. 中国畜牧兽医，46（10）：2955-2963.

汪泽，崔丽虹，付调坤，等，2016. 菠萝叶的化学成分及生物活性研究进展 [J]. 化
　　工新型材料，44（11）：258-260.

王凤欣，2005. 从饲料配方及加工工艺角度谈如何控制饲料产品质量 [J]. 饲料博览
　　（8）：32-35.

王刚，李明，王金丽，等，2011. 热带农业废弃物资源利用现状与分析——菠萝废
　　弃物综合利用 [J]. 广东农业科学，38（1）：23-26.

王金丽，蒋建敏，连文伟，等，2009. 菠萝叶纤维抗菌机理的初步研究 [J]. 热带作
　　物学报，30（11）：1694-1697.

王玲，秦小明，杨辛苗，等，2008. 菠萝皮渣果醋酿制新工艺研究 [J]. 中国调味品
　　（6）：57-59.

王龙，孙建设，2003. 类黄酮的化学结构及其生物学功能 [J]. 河北农业大学学报，
　　26（5）：1452-1471.

王庆煌，2012. 热带作物产品加工原理与技术 [M]. 北京：科学出版社.

王世清，于丽娜，杨庆利，等，2012. 超滤膜分离纯化花生壳中水溶性膳食纤维 [J].
　　农业工程学报，28（3）：278-282.

王伟，丁怡，邢东明，等，2006. 菠萝叶酚类成分研究 [J]. 中国中药杂志（15）：
　　1242-1244.

王勇生，雷恒，刘宇，等，2015. 饲料加工过程中的热处理工艺对饲料养分的影响
　　[J]. 中国饲料（15）：5-7.

魏伟，2013. 油茶果壳颗粒燃料压缩成型机理及成套设备研究 [D]. 南昌：南昌航空
　　大学.

魏晓奕，常刚，崔丽虹，等，2018. 丁香油 / 菠萝叶纤维抗菌复合膜在猪肉保鲜中

的应用 [J]. 食品工业，39（12）：198-200.

文天祥，陈燕苹，黄胜，等，2018. 湛江菠萝产业发展突出问题调研报告 [J]. 热带农业工程，42（4）：38-44.

吴劲锋，2008. 制粒环模磨损失效机理研究及优化设计 [D]. 兰州：兰州理工大学.

吴靖，2010. 菠萝皮渣中纤维素成分的提取和作为染料吸附剂的改性研究 [D]. 广州：华南理工大学.

吴茂玉，马超，乔旭光，等，2008. 菠萝蛋白酶的研究及应用进展 [J]. 食品科技，33（8）：17-20.

吴有庆，刘翠琴，吕君海，2003. 定量包装秤的调试方法 [J]. 中国计量（3）：49-50.

吴征敏，2019. 菠萝渣青贮条件优化及对雷州山羊瘤胃体外发酵特性影响的研究 [D]. 湛江：广东海洋大学.

徐雪荣，冯静，梁瑞红，等，2012. 菠萝皮果胶的分离纯化及组成分析 [J]. 热带作物学报，32（8）：1476-1481.

严浪，田海军，张树明，等，2008. 菠萝半纤维素多糖的提取纯化及免疫活性研究 [J]. 食品科学，29（2）：35-38.

杨剑铖，2011. 我国菠萝产业链优化研究 [D]. 海口：海南大学.

杨礼富，谢贵水，2002. 菠萝加工废料——果皮渣的综合利用 [J]. 热带农业科学，22（4）：67-71.

杨眉，迟晓君，2019. 我国菠萝皮渣综合利用的研究进展 [J]. 中国果菜，39（8）：48-51.

姚春波，来丽丽 .2013. 纤维素酶辅助酸法提取菠萝皮果胶的工艺研究 [J]. 甘肃中医学院学报，30（5）：50-54.

袁建伟，2002. 大豆异黄酮分离与精制工艺研究 [J]. 食品科学，23（8）：118.

苑艳辉，2005. 菠萝皮的综合利用 [J]. 食品与发酵工业（2）：145-147.

曾霞娟，刘家鹏，严梅娣，等，2011. 膳食纤维对胃肠道作用的研究进展 [J]. 微量元素与健康研究，28（1）：52-55.

张百刚，苑贤伟，蔡聪慧，等，2013. 菠萝胡柚复合乳酸发酵饮料的研制 [J]. 食品工业科技，34（9）：254-257，268.

张海生，2012. 我国菠萝资源加工利用技术及研究现状分析 [J]. 农产品加工（学刊）（12）：111-113.

张虎成，齐贺，2014. 发酵原料药生产 [M]. 北京：中国轻工业出版社 .

张慧敏，2016. 菠萝叶纤维抗菌性能及机理研究 [D]. 青岛：青岛大学 .

张静，邹雨坤，李光义，等，2016. 不同还田方式下菠萝茎叶腐解及养分释放特征研究 [J]. 华北农学报，31（S1）：306-310.

张庆庆，郑天柱，汤文晶，等，2015. 红曲菠萝酒发酵及香气成分的分析 [J]. 食品工业科技，36（19）：299-303.

张文华，2012. 菠萝皮黄酮类化合物的结构分析及其生理活性研究 [D]. 湛江：广东海洋大学 .

张秀梅，刘忠华，杜丽清，等，2010. 两种菠萝果肉营养成分比较 [J]. 食品工业科技，31（11）：338-339.

张园，欧忠庆，崔振德，等，2017. 双辊组合式菠萝叶粉碎还田机的设计与试验分析 [J]. 中国农业科技导报，19（7）：78-86.

张子康，罗丽，陈燕，等，2015. 广西菠萝产业发展现状与对策 [J]. 南方园艺，26（2）：50-52.

赵四海，赵哲谦，胡于伟，等，2014. 刮板输送机无线监测系统研究 [J]. 煤矿机械（1）：187-189.

赵婷，陈子豪，党云洁，等，2018. 菠萝叶药用成分的研究进展 [J]. 中国药师，21（3）：485-489.

赵婷，李林波，潘明，等，2019. 果酒产业的发展现状与市场前景展望 [J]. 食品工业，40（5）：302-308.

钟灿桦，黄和，2007. 菠萝皮发酵饲料研究 [J]. 饲料与畜牧（4）：34-36.

周连仁，姜佰文，2007. 肥料加工技术 [M]. 北京：化学工艺出版社 .

周曼玲，2006. 通风除尘与机械输送 [M]. 成都：西南交通大学出版社 .

周维仁，葛云山，朱泽远，2000. 饲料生产关键技术 [M]. 南京：江苏科学技术出版社 .

朱梦媛，2019. 菠萝废弃物基活性炭的制备及其低温 CO_2 吸附性能 [D]. 武汉：武汉理工大学 .

BARTOLOME A P, RUPEREZ P, 1995. Polysaccharides from the cell walls of pineapple fruit[J]. Journal of Agriculture and Food Chemistry, 43: 608-612.

DAI F J, CHAU C F, 2017.Classification and regulatory perspectives of dietary fiber[J]. Journal of Food and Drug Analysis, 25(1): 37-42.

ECCLESTON C, BAORU Y, TAHVONEN R, et al., 2002. Effect of an antioxidant rich juice(Sea buckthom)on risk factor for coronary heart disease in human[J]. Journal on Nutritional Biochemistry, 13:346-354.

GUERRA N, STAMFORD T, MEDEIROS R, et al., 1986. Protein enrichment of pineapple waste for animal feeds[J]. Food and Nutrition Bulletin, 8(1): 77-80.

IDRIS A, SUZANA W, 2006. Effect of sodium alginate concentration, bead diameter, initial pH and temperature on lactic acid production from pineapple waste using immobilized Lactobacillus delbrueckii[J]. Process Biochemistry, 41(5):1117-1123.

ISABEL SA, JAVIER B, KARIN L, et al., 2007. Inhibition of hemoglobin-mediated oxidation of regular and lipid-fortified washed cod mince by a white grape dietary fiber[J]. Journal of Agricultural and Food Chemistry, 55(13): 5299-5305.

KEB K, 2001. The nutritional significance of 'dietary fibre' analysis[J]. Animal Feed Scienceand Technology, 90(1):3-20.

LNISWA A, 1996. Biomethanation of banana peel and pineapple waste[J]. Bioresource-Technology, 58(1): 73-76.

NAPOLITANO A, LANZUISE S, RUOCCO M, et al., 2006. Treatment of cereal products with a tailored preparation of trichoderma enzymes increases the amount of soluble dietary fiber[J]. Journal of Agricultural and Food Chemistry, 54(20): 7863-7869.

PRAKASH MENON M, SELVAKUMAR R, SURESH KUMAR P, et al., 2017. Extraction and modification of cellulose nanofibers derived from biomass for environmental application[J]. RSC Advances, 7(68): 42750-42773.

RAMASAMY U R, GRUPPEN H, KABEL M A, 2015. Water-holding capacity of soluble and insoluble polysaccharides in pressed potato fibre[J]. Industrial Crops and

Products，64: 242-250.

SARAVANAN P，MUTHUVELAYUDHAM R，VIRUTHAGIRI T，2013. Enhanced Production of Cellulase from Pineapple Waste by Response Surface Methodology[J]. Journal of Engineering，21:1-8.

SASAKI K，NOPARATNARAPORN N，NAGAI S，et al.，1991. Use of photosynthetic bacteria for the production of SCP and chemicals from agroindustrial wastes[J]. Bioconversion of waste materials to industrial products，225-264.

SAURACALIXTO F，1998. Antioxidant Dietary Fiber Product: A new concept and a potential food Ingredient[J]. J. Argic. Food Chem.，46(10): 4303-4306.

SMITH B G，HARRIS P J，1995. Polysaccharide composition of unlignified cell walls of pineapple [*Ananas comosus* (L.) Merr.] fruit[J]. Plant Physiology，107: 1399-1109.

SULEYMAN H，GUMUSTEKIN K，TAYSI S，et al.，2002. Beneficial effects on Hippophae rhammiodes L on nicotine induces oxidative stress in rat blood compared with Vitamin E[J]. Biology and Pharamaceutical Bulletin，25: 1133-1136.

TRAN C T，MITCHELL D A，1995. Pineapple waste-a novel substrate for citric acid production by solid-state fermentation[J]. Biotechnology Letters，17(10): 1107-1110.

YASUNORI H，YUKARI M，2011. Non-extractable procyanidins and lignin are important factors in the bile acid binding and radical scavenging properties of cell wall material in some fruits[J]. Plant Foods for Human Nutrition，66(1): 70-77.